JN096889

放射線生物学

（六訂版）

杉浦紳之
鈴木崇彦　著
山西弘城

放射線双書

通商産業研究社刊

まえがき

　放射線・放射能は 100 年余り前に発見された。当初は物理学における研究対象であったが，人類にとって有用な特性が知られるとすぐに医学領域をはじめとした利用が始まり，利用分野の裾野を拡大して今日に至っている。利用の初期の時代には放射線障害事例が発生し，放射線安全・防護の概念が形成されることとなった。利用を進める基礎として安全・防護がある。安全・防護を考えるためには，放射線生物学の知見が必要不可欠である。医療領域で使用される放射線，利用に伴い発生する放射線被ばくそれぞれの作用や影響の機序について詳細に知ることは重要である。そして，利用の益，それに伴う害のバランスを大きな視点でとらえることが何より重要である。本書が放射線双書の一冊として刊行される理由がここにあり，読者諸賢にとり本書が何らかの役に立てば幸いである。

　本書は，主に診療放射線技師学校における教科書あるいは放射線取扱主任者試験の参考書として活用していただくことを念頭に執筆した。東京大学における大学院・学部講義，放射線取扱主任者や放射線業務従事者に対する講義・教育訓練の経験を基本とし，放射線治療に関わる放射線生物学の知見を加えた。内容の理解を進めるため，大枠や全体の流れをつかみ，個々の事項については簡潔な整理が行えるよう，構成・記述に配慮したつもりである。

　本書の旧版をはじめとし数多くの成書を参考とさせていただいた。お断りするまでもなく筆者は浅学かつ若輩であり，またこの分野の学問の進歩は早い。内容につきお気づきの点があれば是非ご指摘を頂き，機会があればよりよいものに改訂していきたいと考える。

　最後となったが，歴史ある放射線双書に執筆の機会を与えていただいた通商産業研究社坂本敬親社長ならびに編集・校正にあたり多大の労をいただいた八木原誓一氏に厚く感謝の意を表したい。

2001 年 6 月

杉 浦 紳 之

6訂版発行にあたって

　6訂版の改訂は，水晶体のしきい線量見直しの法令への取り込みが契機となった。2003年のICRP Publication 92では，白内障のしきい線量が，従来考えてきたしきい線量より低い可能性を指摘し，いくつかの疫学的知見により，眼の水晶体の吸収線量のしきい値は0.5 Gy程度とされた。2011年4月21日にソウルで開催された国際放射線防護委員会（ICRP）は，会合の最終日に「組織反応に関する声明」を発表（通称：ソウル声明）し，水晶体の等価線量限度に関して，「定められた5年間で平均20 mSv/年，かついずれの1年においても50 mSvを超えない」ことを勧告し，日本の法令もこれを採用し，令和3年4月1日より施行された。

　最近の診療放射線技師国家試験の放射線生物学分野における出題傾向として，放射線生物学の設問が放射線治療学の基礎としての位置づけが強くなったように感じられる。これに合わせ，放射線治療の基礎としてのLQモデルの説明や，分割照射の効果などを追加し，生物学的等価線量（BED）の説明も新たに書き加えた。また，放射線の医学利用の項目に，ホウ素中性子捕捉療法，密封小線源治療および内用療法について書き加えた。

　本書は，2001年の第2版で杉浦伸之先生が改訂・執筆されたものを基に，随時加筆されてきたものであり，診療放射線技師国家試験や，第1種放射線取扱主任者試験の放射線生物学の学習に適した内容となっている。また，2011年の福島の原子力発電所事故を契機として，放射線の人体影響に関して日本中の関心が高まる中，近畿大学の山西弘城教授が筆者として参加され，4訂版の改訂がなされ，5訂版の改訂より鈴木が筆者として加わった。本書には，理解に必要となる基礎知識が適切に記載され，この基礎の上に新たな知見を盛り込むことで，これまで改訂がなされてきている。今回の改訂も全く同様であり，国家試験の出題傾向に合わせ，これまでの記述に加筆することですすめることができた。あらためて杉浦先生の本書の執筆方針に対する慧眼に敬意を表する次第である。本書が放射線生物学の初学者をはじめとした諸氏の学習に利用されることを切に願うものである。

　最後に，なかなか筆の進まない筆者を辛抱強く支え，また筆者間の調整を行っていただいた八木原誓一社長に深く感謝申し上げたい。

2021年7月

著者を代表して　　鈴　木　崇　彦

目　　　次

序章　放射線とその基礎

I　放射線の基礎

I.1　放射線が人体に与えるエネルギー

　全身に 4 Gy（グレイ）の放射線をあびた場合，60 日以内に 50%の人が死に至る。4 Gy は，4 J / kg を意味し，1 kg あたり 4 J のエネルギーを吸収したことを表す。体重が 70 kg とすると，放射線から受けた総エネルギーは，4 J / kg × 70 kg ＝ 280 J 。1 cal＝4.18 J であるから，280 J ÷ 4.18 J / cal ＝ 67 cal と計算できる。この 67 cal は，10 g の水の温度を 6.7 度上昇させるだけの熱量になり，もし，人の比熱を仮に水と同じ 1 とすれば，70kg の体重の人であれば，約 1000 分の 1℃の体温上昇に過ぎない。このように，放射線はわずかなエネルギーで人を死に至らしめるほどの影響力を持っている。熱は全体に均一にエネルギーを与えるが，放射線の場合は，大きなエネルギーを局所的に付与する。

I.2　放射線の種類

　放射線は，エネルギーの運び手であり，電離や励起をさせる。放射線が生物に対して作用するのは，電離作用や励起作用を有するからで，放射線生物学で取り上げられる放射線は，紫外線と電離放射線である。一般に「放射線」とは，**電離放射線**（ionizing radiation）を指す。紫外線は電離作用がないので，非電離放射線である。本書では，特にことわらない限り，放射線とは電離放射線のことをいう。放射線は大きく**電磁波（光子）**と粒子線に分けられる。表 I.1 に，放射線の種類を示す。電離作用を有する電磁波は，波長がごく短い光である。**γ（ガンマ）線**と**X（エックス）線**が代表的なもので，γ 線は励起状態の原子核から放出される光子であり，X 線は電子の運動に伴って発生する光子である。

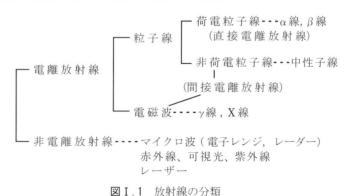

図 I.1　放射線の分類

序章　放射線とその基礎

表 I.1　放射線の種類と特性

名称	実体	電荷	発生機構	透過性
α線	ヘリウム原子核	＋2	放射性壊変，励起状態の原子核，素粒子の反応（陽電子消滅を含む）などから発生	低い
β線	電子	−1		中程度（＞α線）
γ線	電磁波	なし	電子の運動にブレーキがかかったときなどに発生	高い
X線				
中性子線	中性子		核分裂，核反応など	

　粒子線には，**α（アルファ）線**，**β（ベータ）線**，陽子線など電荷をもつ荷電粒子と，電荷を持たない非荷電粒子がある。なお，β線の正体は電子であるが，原子核から放出される電子を特にβ粒子，またはβ線と呼び，原子核外の電子と区別する。**中性子線**は非荷電粒子である。中性子線は，自らは電荷を持っていないが，弾性散乱，非弾性散乱や捕獲反応によって，γ線や荷電粒子を放出させる。

I.3　原子の構造

　ここで，電離や励起を説明するために，原子の構造について復習しておく。図 I.2 に原子および原子核の構造を示す。**原子**はおおよそ 10^{-10} m の大きさで，原子の中心には，正電荷をもつ**原子核**があり，その周囲を負電荷を持つ**電子**が飛び回っている。原子の質量の99.97%は原子核の質量が占めている。原子核の大きさは，$10^{-15}\sim10^{-14}$m で，核子である**陽子**と**中性子**で構成されている。陽子は正電荷をもち，中性子は電気的に中性である。原子核にある陽子の数が原子番号に対応する。通常のイオン化していない原子では，原子番号と同数の電子が原子核の周りを飛び回っている。電子は原子核との間のクーロン力によって引力を受けつつ周回しているが，電子の軌道は量子力学的な制約のため，決まった飛び飛びの状態しかとれない。その軌道は原子核に近い方からK殻，L殻，M殻，…と呼ばれ，K殻の電子が原子

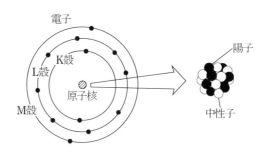

図 I.2　原子および原子核の構造

核に最も強く束縛されていて，最も位置エネルギーが低い。K 殻から順序よく電子が詰まった状態を**基底状態**という。**励起**は，軌道電子にエネルギーが与えられて，外側の軌道に飛び移る現象である。励起状態は不安定で，電子はレベルの低い軌道にもどろうとする。**電離**は，軌道電子が原子核からの束縛を離れて自由電子になる現象である。電離は束縛エネルギー以上のエネルギーが与えられて起こる。そのエネルギーは励起のときのエネルギーよりも大きい。電離の結果，原子は通常よりも電子が不足し陽イオンとなる。

II　放射線と物質との相互作用

II.1　γ(X)線と物質との相互作用

1）電磁波のエネルギー

　図II.1に電磁波の波長とエネルギーについて示す。紫外線は，可視光よりも波長が短い電磁波である。

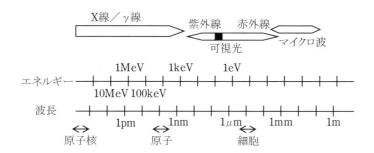

図II.1　X線，γ線のエネルギーと波長

　図中のエネルギーの単位は**eV**（electron volt：**電子ボルト**）である。この単位は，放射線生物学でよく用いられる。電子 1 個が持つ電荷は−1.6×10⁻¹⁹ C（クーロン）で，これが電位 0 V から電位＋1 V まで加速されることによって得た運動エネルギーが，1 eV である。これをJ（ジュール）で表すと，以下のようになる。

$$1 \text{ eV} = 1.6 \times 10^{-19} \text{ C} \times 1 \text{ V} = 1.6 \times 10^{-19} \text{ J}$$

　電磁波のエネルギーE は，プランク定数をh として，

$$E = h\nu = hc / \lambda \tag{II.1}$$

と表すことができる。ここで，ν（ニュー）は電磁波の振動数，c は電磁波の速度，すなわち光速，λ（ラムダ）は電磁波の波長をそれぞれ示す。波長が短い，すなわち振動数が大きな電磁波ほど大きなエネルギーをもつ。紫外線は，可視光よりも大きなエネルギーをもっているため，励起作用を及ぼすことができる。この作用のため，夏の日差しによって，日焼けする。また，紫外線灯はこのエネルギーで殺菌する。しかしながら電離作用を及ぼすことはできない。

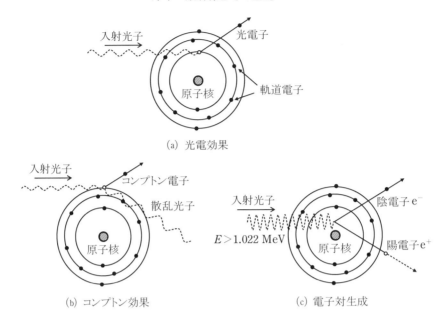

(a) 光電効果

(b) コンプトン効果　　　(c) 電子対生成

図Ⅱ.2　光子と物質との相互作用

2）γ（X）線と物質との相互作用

　電磁波（光子）は電荷を持っていないため，クーロン力による相互作用は起こさない。したがって，直接的に電離を引き起こすことはできず，間接的に電離させる。光子が，物質中で高速の**2次電子**を生成し，その電子が電離作用を引き起こす。高速の2次電子の生成には，3つの様式がある。それらは，光電効果，コンプトン散乱，電子対生成で，図Ⅱ.2にそれぞれを示す。

　光電効果とは，光子のすべてのエネルギーが軌道電子に与えられ自由電子となってたたき出される現象である。光子自らは消滅する。2次電子は，入射光子のエネルギー E_γ から軌道電子の結合エネルギー I を差し引いた運動エネルギー E_e をもつ。すなわち，$E_e = E_\gamma - I$ である。軌道に生じた空席は，上のエネルギー準位の軌道電子によって埋められる。この転移によって，特性X線が放出される。低エネルギーの光子では，物質との相互作用のほとんどが光電効果である。

　コンプトン効果とは，入射光子が軌道電子と衝突して，電子を反跳電子（コンプトン電子）として，原子から跳び出させる現象である。衝突後の光子はエネルギーの一部を奪われて，入射方向と違う方向に散乱される。この効果は $0.5 \sim 5$ MeV の光子にとって多くの物質で相互作用の主要なものである。

　電子対生成は，1.022 MeV 以上の高エネルギーの光子が原子核に接近したとき，原子核近傍の強い電場の影響で陰電子と陽電子の一対が生成され，光子自身は消滅するという現象で

ある。陰電子，陽電子の運動エネルギーの和は，$E_\gamma - 2m_e c^2$ である。m_e は電子の静止質量である。生成された電子は，物質中で β 線と同様にふるまう。陽電子は短時間のうちに周囲の陰電子と結びついて消滅し，その際に 2 個の 0.511 MeV の光子（消滅放射線）を互いに正反対の方向に放出する。

Ⅱ．2　荷電粒子と物質との相互作用

1）荷電粒子の種類

　α 線と β 線は原子核の崩壊によって放出される高速の荷電粒子である。α 線は 2 価の正電荷を持つヘリウムの原子核であり，そのエネルギーは核種によって異なるが，およそ 4〜9 MeV の範囲にある。β 線の正体は電子で 1 価の負電荷をもつ。陽子線，電子線は，それぞれ陽子，電子が高速で運動するエネルギーを与えられたものである。また，γ（X）線と物質との相互作用で生成された 2 次電子も電子線の場合とほぼ同様とみなすことができる。

2）荷電粒子と物質との相互作用

　荷電粒子が原子の近くを通過すると，原子中の電子とクーロン相互作用をして，電離，励起，制動放射を引き起こす。荷電粒子の通過によって物質に与えるエネルギーは，Bethe の理論によると，近似的に次式で表される。

$$dE / dx = k\,N\,Z\,z^2\,M / E_p \qquad\qquad (\text{Ⅱ.2})$$

　ここで k は定数，N は物質 1cm^3 中の原子の数，Z は物質の原子番号，z，M，E_p はそれぞれ粒子に関するもので，電荷，質量，エネルギーを示す。この式は，粒子の飛跡に沿った単位長さあたりのエネルギー損失を表し，dE/dx を **LET**（linear energy transfer ; **線エネルギー付与**）とも呼ぶ。単位は keV / μm で，極微小な長さについてのものである。LET は放射線の線質を表す指標である。式から，粒子のエネルギーが同じであれば，粒子の質量に比例して LET は大きくなることがわかる。実際，α 線の LET は，電子線や γ 線の LET に比べて桁違いに大きい。生物影響の観点からみると，LET が大きいということは，微小な飛跡に多数の電離や励起をもたらすため，生物に対して修復できない損傷を与える結果となる。

　α 線などの重い荷電粒子は，質量が大きいため原子に対して電離や励起をしても散乱されることなく直進し，徐々に速度が小さくなり止まる。荷電粒子の速度が小さくなることは，粒子のエネルギー（E_p）が小さくなることであり，上の式から，粒子が止まる付近で dE/dx は非常に大きくなることがわかる。dE/dx は，物質からみると阻止能を意味する。図Ⅱ．3 は，5.5 MeV の α 線が空気中を進む際の質量阻止能の変化を示している。阻止能は比電離（飛跡に沿った単位長さあたりの電離数）に相当する。図中では，比電離が飛程の最後の方で大きくなっている。これを**ブラッグ曲線**という。

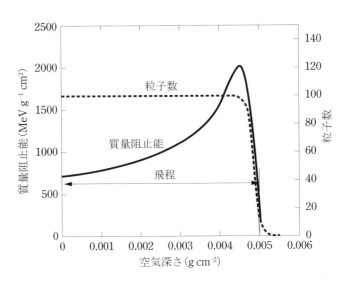

図Ⅱ.3　α線のブラッグ曲線と, 始めを100とした場合の粒子数の変化

Ⅱ.3　放射線のエネルギーの付与モデル

　放射線が水の中を通過する時, 前述した相互作用によって媒体にエネルギーを与える。その与え方は, 局所的に 50〜100 eV ぐらいのエネルギーの塊を不連続に与えるものである。エネルギー付与によって, 電離と励起が引き起こされ, エネルギーを受けた領域にはカチオン（陽イオン）, 電子, 励起分子, ラジカルが高濃度に生成される。この領域は直径約 2 nm 程度で, スパー（spur）と呼ばれる。放射線が入射されたときのスパーの生成を図Ⅱ.4 に示す。図で示すように, α線等の重イオン粒子は LET が大きいため, 単位長さあたりに大きな

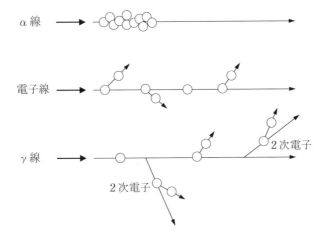

図Ⅱ.4　放射線によるスパーの生成

エネルギーが与えられ，結果としてスパーは飛跡に沿って連なって生成される。電子線の場合は，スパー間隔が広くなり，1000 nm 程度に広がって生成される。γ線の場合は，コンプトン効果によって生じた高エネルギーの2次電子が，電子線照射と同じようにスパーを生成する。さらに，LET の大きな放射線による高密度のスパーの形成は，後に述べる DNA の多様な損傷をもたらし，修復しにくい DNA 損傷を形成することにつながる。以上述べたように，放射線が高速の2次電子を生成することで，微視的に電離作用や励起作用を及ぼし，局所的に大きなエネルギーを付与する。このエネルギーの伝播が，生物作用の初期過程へと発展する。

1. 放射線生物学の概観

　人体が放射線を浴びると，どのような影響が現れるであろうか。がんや白血病になる，髪の毛が抜ける，子供ができなくなる，影響が遺伝するといったことなどが一般に知られている。これらの影響は確かに放射線被ばくによって起こりうるが，放射線生物学を学問として体系的にとらえる場合には，単に影響が現れるということにとどまるのではなく，次の2点を通した視点から影響の発生を考えることが重要である。

①　放射線影響は，原子・分子，細胞，臓器・組織および個体の身体各レベルにおいて進展し，その総体として現れること

②　放射線影響の種類や程度は，放射線被ばくの条件，特に放射線の量によって異なること

1.1 身体各レベルにおける放射線影響の進展

1）身体各レベルの視点から

　人体が放射線被ばくした場合，原子レベルから個体レベルまで影響がどのように進展するかの概要は以下の通りである。

（1）原子レベル

　人体が放射線被ばくを受けると，人体を構成する原子が**電離・励起**される。

（2）分子レベル

　放射線の生物作用の主な標的はDNA（デオキシリボ核酸）であり，DNAに対する放射線影響は**DNA損傷**として現れる。DNA損傷が生じても，大部分のものは短時間のうちに修復される。しかし，中には修復されずにそのまま固定したり，修復の際にエラーが起きたりする（誤修復）ことがある。

（3）細胞レベル

　DNA損傷を持つ細胞は，①損傷が致命的である場合は**細胞死**を起こし，②致命的ではない場合は細胞分裂を繰り返し行うがDNA情報が変化している（**突然変異**）。

（4）臓器・組織レベル

　臓器・組織は数多くの細胞から構成されているが，その中の相当数の細胞が細胞死を引き起こせば，機能障害等の形で臓器・組織の放射線影響が臨床的に観察される（**確定的影響**）。突然変異を起こした細胞が体細胞である場合は，分裂が繰り返されることによりその臓器にがん発生の可能性がある（**確率的影響**）。

（5）個体レベル

　臓器・組織レベルの確定的影響が全身症状となって現れ，症状が重い場合には**個体死**が生じる。確率的影響のがんについても臓器・組織レベルの影響が全身症状に進展する。また，突然変異を起こした細胞が生殖細胞の場合は，**遺伝性影響**として子孫に影響が及ぶことがある。

　なお，上記では修復について分子レベルのみで触れたが，修復（あるいは回復）の働きは，分子レベルから個体レベルまで何れの段階にも備わっていることに十分留意したい。

２）発現に要する時間スケールの視点から

　放射線被ばくにより人体はエネルギーを吸収するが，その影響の発現は時間スケールから以下のように整理される。

（1）**物理的過程**（10^{-15}秒程度）

　原子・分子が電離・励起される。

（2）**化学的過程**（10^{-6}秒程度）

　電離・励起分子が生体高分子と反応し，活性イオン，ラジカルおよびさらなる励起分子を生成する。また，水分子の放射線化学的反応が起こる。

（3）**生化学的過程**（数秒まで）

　活性イオン，ラジカルおよび励起分子により，塩基や糖分子の初期損傷，ヌクレオチドや核酸タンパク質分子間でのエネルギーの移行が起こる。

（4）**生物学的過程**（数秒〜）

　生物学的代謝により DNA の分子的変化や立体構造のくずれが生物学的影響として進展する。突然変異（染色体異常）から細胞死と続き，その後，１）で述べたように身体各レベルに拡大する。

　全致死線量（被ばくした人すべてが死亡する線量）は 8Gy 程度であるが，これを熱エネルギーの観点から考えればわずか 500 分の 1℃の温度上昇分に過ぎない。わずかなエネルギーであっても個体死が生じるのは，生体の生命維持活動においてとりわけ重要な DNA に対して生化学的過程までに影響が与えられ，その後，生物学的過程において生物特有の代謝により拡大されていくためである。身体各レベルにおける影響の進展が重要な視点となる理由がここにある。

1.2 放射線影響の分類

1.2.1 確率的影響と確定的影響

　放射線影響の分類は様々な視点からなされるが，放射線影響が浴びた放射線の量に依存することを最も考慮した分類は，確率的影響と確定的影響の分類である。すなわち，被ばく線量と影響の発生頻度の関係に着目した分類である。確率的影響と確定的影響の特徴の比較を

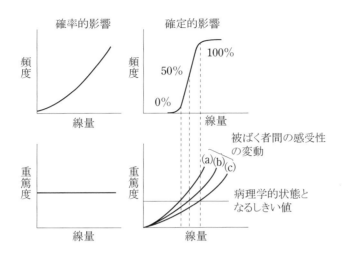

図1.1　確率的影響と確定的影響の分類と特徴

表 1.1　確率的影響と確定的影響の分類と特徴

種　類	しきい線量	線量の増加により変化するもの	例
確率的影響	存在しない	発生頻度	がん，遺伝性影響
確定的影響	存在する	症状の重篤度	白内障，脱毛，不妊など確率的影響以外のすべての影響

図 1.1 および表 1.1 に示す。この 2 つの影響の主な違いは，①しきい線量の有無，②線量と影響の重篤度（症状の重さ）の関係である。

1）確定的影響

　確定的影響にはしきい線量がある。**しきい線量**は影響が現れる最低の線量をいうが，国際放射線防護委員会（ICRP）による定義（2007 年勧告）によれば被ばくを受けた人の 1％に影響が現れる線量としている。しきい線量を超えて放射線被ばくを受けると影響が現れはじめ，さらに大きな線量を被ばくした場合には影響の重篤度が増大する。確定的影響は，臓器・組織を構成する細胞が細胞死を起こすことに基づく影響であり，臓器・組織のある割合の細胞に細胞死が起きたところで影響が現れ（しきい線量），さらに大きな線量を被ばくすると，細胞死を起こす細胞数が増加して症状は重くなる。この様子は図 1.1 の右側の 2 つのグラフに表されている。

　例えとして，10 人がかりで重い荷物を運ぶ場合を考えよう。荷物を運んでいる途中で 1 人や 2 人が手を緩めたとしても荷物が落ちることはないであろうが，手を緩める人数が 5 人

にも6人にもなるともはや支えきれずに荷物はくずれ落ちてしまう。それぞれの臓器には果たすべき機能があり，その機能を果たすために十分な数の細胞数が通常備わっている。神経細胞等を除きほとんどの臓器・組織の細胞は寿命を持ち細胞分裂により補われていることを見ても，細胞死がいくらか起こっても臓器・組織の機能異常が起こらないのは明らかである。放射線被ばくにより細胞死を起こす細胞数が増加し，病理学的に機能が果たせなくなった状態ではじめて影響が臨床的に観察される。

　確定的影響には，確率的影響（発がんと遺伝性影響）を除いたすべての影響が分類される。代表例として，白血球数の減少，脱毛（早期影響），白内障（晩発影響）があげられる。

　また，以前には，確定的影響は確率的影響に対するものとして非確率的影響という名称で呼ばれていたが，最初に細胞に起こる変化はランダムに起こること，多数の細胞の関与により確定的な性質が生じることといった理由により改められた。さらに，ICRP2007年勧告において，有害な組織反応（tissue reaction）という用語が確定的影響に変わるものとして使用された。より直接的に影響の内容を表すためと変更の理由が説明されているが，引き続き確定的影響をテクニカルタームとして使用して差し支えないと考える。このため，本書では確定的影響を使用する。

2）確率的影響

　確率的影響にはしきい線量はないと仮定されている。線量の増加に伴って変化するものは，影響の発生頻度である。確率的影響は突然変異に基づく影響であり，線量が増加すると突然変異の起こる確率が増加し，確率的影響の発生頻度が増加する。一方，図 **1.1** の左下のグラフに示されるように，影響の重篤度は線量の大きさによらず一定である。これは，小線量の被ばくによる少数の（極端に言えば，たった1つの）突然変異が原因でがんになり死亡した場合も，大線量の被ばくにより多数の突然変異が生じその結果がんになり死亡した場合も，死亡という重篤度の大きさは同じであるという例から理解することができる。確率的影響に分類される影響は，発がんと遺伝性影響である。組織反応と同様の理由で，確率的影響と総称では言わずに，発がんと遺伝性影響というように直接的に表現される場合もある。

　また，ICRP2007年勧告や UNSCEAR 報告（原子放射線の影響に関する国連科学委員会）では，遺伝的と遺伝性の2つの用語が混在して用いられている。遺伝的は Genetic の訳であり，遺伝性は Hereditary の訳である。Genetic は Gene（遺伝子）の形容詞であり，その個体が持つ遺伝子によるという意味になる。遺伝的リスク（genetic risk）などが使用されている例である。一方，Hereditary は親から子に受け継ぐ，つまり経世代という意味を表す。したがって，従来，遺伝的影響と言ってきたが，より正確な表現（被ばくした親の遺伝的リスクは，子や孫へと経世代して受け継がれ影響が現れる）とするために使い分けをし，2007年勧告では遺伝性影響を使用している。

　確定的影響や確率的影響を表す別の言い方として，確定的影響は，しきい線量（しきい値）

のある影響と表現できる。逆に確率的影響は，しきい線量の無い影響とも表現できる。また，確定的影響は，線量の増加とともにその障害の重篤度が増す影響という表現もでき，確率的影響であれば線量が増加しても重篤度が変わらない影響，と表現することもできる。さらに，確定的影響は，線量が上がると，いずれ発現頻度は 100％に達するが，確率的影響が 100％に達することは無い。線量とともに発現頻度が上昇する影響と言う表現は，確定的影響，確率的影響の両方に当てはまるため，どちらかを特徴づける表現とはならない。各種の試験では，ある障害を確率的影響，確定的影響のどちらに分類されるかを問う際に，直接には確率的影響，確定的影響という表現を用いず，影響を特徴づける表現で出題されることがあるので，図 1.1 の表す意味を理解することが重要である。

1.2.2 身体的影響と遺伝性影響

放射線影響が誰に現れるかの観点から，放射線影響は①身体的影響と②遺伝性影響に分類される。

１）身体的影響

放射線影響が被ばくした本人に現れるものが**身体的影響**である。さらに，身体的影響は，被ばくしてから影響が現れるまでの期間（**潜伏期**）により，**早期影響**と**晩発影響**に分類される。被ばくの形式にもよるが，被ばく後数週間以内に現れるものを早期影響（急性影響）といい，被ばく後何か月あるいは何年も経過したのちにはじめて現れるものを晩発影響という。脱毛，リンパ球数の減少など大部分の確定的影響は早期影響である。晩発影響の代表例としては，確率的影響である発がんの他，確定的影響で最も代表的なものは白内障であるが，その他，再生不良性貧血，肺線維症，骨折（骨組織の脆弱化）などがあげられる。

２）遺伝性影響

放射線影響が被ばくした本人ではなく子孫に及ぶものが**遺伝性影響**である。遺伝性影響は遺伝子に起こった変化が子孫に伝えられて引き起こされるものである。したがって，将来子供を産む可能性のある人が生殖腺に被ばくを受けた場合にのみ遺伝性影響が発生する可能性が生じる。妊娠中に被ばくを受けた胎児にその被ばくが原因で放射線影響が認められた場合は，遺伝性影響ではなく胎児自身の身体的影響ということになる。また，変化が起こった遺伝子を受け継いだら必ず遺伝性影響が現れるということではなく，子の代では影響が現れず，孫の代に遺伝性影響が現れることもあり，極端な場合は何代も経てから遺伝性影響が出現する場合も考えられる。

以上，述べてきた放射線影響の分類を図 1.2 にまとめた。この図から分かるように，確率的影響には早期影響は無く，すべて晩発影響である。しかし，確定的影響には早期影響も晩発影響もある。

1. 放射線生物学の概念

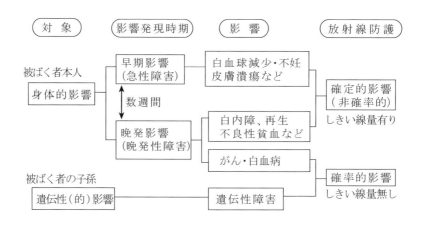

図1.2　放射線影響の分類

1.3 放射線被ばく形式の分類

　人体が放射線を浴びることを**放射線被ばく**という。英語では，「曝される」という意味合いから exposure が用いられる。漢字で書けば「被曝」であるが，「曝」は常用漢字ではなく，法令においても「被ばく」とひらがなで表記されていることから，本書では「被ばく」と記すことにする。ただし，原子爆弾への被爆は，放射線の他，爆風および熱線の影響も受けていることから通常の被ばくと区別するために，火へんの「爆」を用いて漢字で表記されていることに注意が必要である。

　放射線被ばくの形式の主な分類は，以下の3つである。

1）急性被ばくと慢性被ばく

　放射線を短時間にいっきに浴びることを**急性被ばく**といい，ゆっくりと長い期間にわたって被ばくすることを**慢性被ばく**という。動物実験や放射線診療において放射線を照射する場合に，1回照射（急照射），緩照射，分割照射（一定間隔を置いて急照射を何回か繰り返す照射方法）といった呼び方も用いられている。

2）全身被ばくと部分被ばく

　全身被ばくは放射線を全身（あるいは身体の広い部分）に被ばくすることをいう。**部分被ばく**は，身体の一部分が放射線被ばくすることをいう。さらに，その中間に位置付けられるものとして，全身が一様に被ばくを受ける全身均等被ばくと全身が被ばくするものの線量分布が不均一となる全身不均等被ばくの分類がある。放射線影響は被ばくを受けた部位に応じて影響が発生することに注意が必要である。遺伝性影響は，生殖腺が被ばくした場合にのみ発生する可能性があり，また，指先のみの被ばくでは骨髄が照射を受けておらず白血病が発生することはない。

3）外部被ばくと内部被ばく

　密封線源を通常使用する場合のように，身体の外側にある線源から放射線被ばくすることを**外部被ばく**（体外被ばく）という。非密封線源が体内にとり込まれた場合のように，身体内部にある線源から放射線被ばくすることを**内部被ばく**（体内被ばく）という。

　どのような放射線影響が現れるかは浴びた放射線の量に最も強く関連するが，上記の影響や被ばく形式の分類から分かる通り，線量率，被ばく部位等の様々な要因にも関連する。それらの要因は，①物理的要因（線量，線量率，線質，照射部位，温度…），②化学的要因（酸素，防護剤，増感剤…），③生物学的要因（感受性，年齢・性…）に整理することができる。個々の具体例については次章以降で詳しく述べていくが，どのような被ばく条件であるかの視点が大切である。

演 習 問 題

1. 放射線影響の進展は，①身体各レベルと②発現の時間スケールの 2 つの視点から整理することができる。どのようなレベルや過程を経るかそれぞれ具体的に述べよ。

2. 放射線影響は，確率的影響と確定的影響に分類される。
   1) この分類は，どのような観点に基づく分類であるか。
   2) 確率的影響と確定的影響の主な違いには 2 つある。それぞれ簡単に説明せよ。

3. 放射線の確定的影響に関する次の記述のうち正しいものはどれか。
   1. 確定的影響にはしきい線量がある。
   2. しきい線量とは，被ばくを受けた人の 5〜10% に影響がでる線量をいう。
   3. 重篤度は線量の増加に伴い増大する。
   4. 発生頻度は線量に比例する。
   5. 確定的影響に分類される影響として，白内障，白血病，白血球数の減少があげられる。

4. 放射線による確率的影響に分類されるものはどれか。
   1. 再生不良性貧血
   2. 骨肉腫
   3. 肺がん
   4. 致死突然変異
   5. 皮膚潰瘍

5. 次の放射線被ばく形式において，対として正しいものはどれか。
   1. 急性被ばく－遷延被ばく
   2. 全身被ばく－局所被ばく
   3. 均等被ばく－不均等被ばく
   4. 外部被ばく－内部被ばく
   5. 1 回照射　－分割照射

2．線量概念と単位

2.1 放射能の単位

放射能の用語は，次の３つの意味で使われる。

①放射線を放出する能力・性質

②放射能の強さ

③放射線を放出する物質

「放射能」は，もとは①の放射線を放出する能力・性質という概念を表す用語であるが，②や③の意味で用いることも多い。厳密な表現をするとすれば，②は「放射能量」，「放射能の強さ」，③は「放射性物質」，「放射性同位元素」であるが，特に③の意味で単に放射能と言うことが多い。

放射能の強さは，単位時間に壊変する原子核の数で表され，式（2.1）のように定義される。

$$A = -\mathrm{d}N / \mathrm{d}t \tag{2.1}$$

ここで，A は放射能の強さ，$\mathrm{d}N$ は壊変する原子の数，$\mathrm{d}t$ は時間を表す。単位は Bq（ベクレル）が用いられる。1Bq は１秒間あたり１個の壊変が起こることをあらわす。また，1秒間あたりの壊変数という意味の dps（disintegration per second）が用いられる場合もある。

2.2 放射線の単位

放射線の単位は，①放射線がその場にどのくらいあるかを表すもの，②放射線と物質の相互作用の量を表すもの，③人体への影響を表すものに大別できる。①に該当するものとして，粒子フルエンス，エネルギーフルエンス，②に該当するものとして，吸収線量，カーマ，照射線量，③に該当するものとして，等価線量，実効線量がある。

(1) 粒子フルエンス

粒子フルエンス（Φ）とは，放射線場のある点における単位面積を通過する粒子数のことであり，大円の面積が $\mathrm{d}a$ である球を通過する粒子数を $\mathrm{d}N$ として，式（2.2）で表される（図 2.1 参照）。粒子フルエンスは，単にフルエンスといわれることが多い。

$$\Phi = \mathrm{d}N / \mathrm{d}a \tag{2.2}$$

単位は，m^{-2} である。さらに，単位時間あたりの粒子フルエンスを**粒子フルエンス率**（φ）といい，式（2.3）で表される。

2. 線量概念と単位

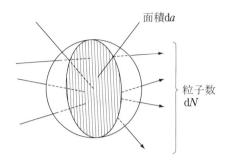

面積d*a*

粒子数 d*N*

図2.1 粒子のフルエンスの概念図

$$\phi \ = \ \mathrm{d}\Phi \diagup \mathrm{d}t \tag{2.3}$$

ここで，dt は時間を表す。単位は $\mathrm{m^{-2}s^{-1}}$ である。

(2) エネルギーフルエンス

粒子フルエンスと同様に，エネルギーフルエンスが定義される。**エネルギーフルエンス**（Ψ）は，放射線場のある点における単位面積を通過する放射線のエネルギーの総和を表し，大円の面積が da である球を通過するエネルギーを dE として，式（2.4）で表される。

$$\Psi \ = \ \mathrm{d}E \diagup \mathrm{d}a \tag{2.4}$$

単位は，$\mathrm{Jm^{-2}}$ である。さらに，単位時間あたりのエネルギーフルエンスを**エネルギーフルエンス率**（ϕ）といい，式（2.5）で表される。

$$\phi \ = \ \mathrm{d}\Psi \diagup \mathrm{d}t \tag{2.5}$$

ここで，dt は時間を表す。単位は $\mathrm{Jm^{-2}s^{-1}}$ である。

(3) 吸収線量

吸収線量（D）は，放射線場にある物質が単位質量あたりに吸収したエネルギーであり，吸収されたエネルギーを dε，物質の質量を dm として，式（2.6）で表される。吸収線量の SI 単位は $\mathrm{J\,kg^{-1}}$ であるが，特別単位として Gy（**グレイ**）が用いられる。

$$D \ = \ \mathrm{d}\varepsilon \diagup \mathrm{d}m \tag{2.6}$$

吸収線量は，物質との相互作用に着目した量である。したがって，同じ放射線場であっても物質の種類や密度が異なれば吸収線量は異なる。

(4) カーマ

カーマ（K）は，非荷電性放射線（γ 線，X 線，中性子）について定義される量で，物質の微小質量 dm において発生した 2 次荷電粒子の初期運動エネルギーの総和を dE_{tr} とすると，式（2.7）で表される。

$$K \ = \ \mathrm{d}E_{\mathrm{tr}} \diagup \mathrm{d}m \tag{2.7}$$

カーマの SI 単位は吸収線量と同じく，$\mathrm{J\,kg^{-1}}$ であり特別単位として Gy（グレイ）が用い

られる。吸収線量と同様に，カーマも放射線が作用する物質の種類と密度に依存する。そのため，「空気カーマ」，「組織カーマ」のように物質名を付して表すことが望ましい。

(5) 照射線量

照射線量（X）は，光子（γ 線，X 線）が空気を照射する場合の電離量として定義され，$\mathrm{d}m$ の空気中に $\mathrm{d}Q$ の電離が生じたとすると，式（2.8）のように表される。照射線量の単位は，$\mathrm{C\,kg^{-1}}$ である。

$$X = \mathrm{d}Q / \mathrm{d}m \tag{2.8}$$

照射線量は γ 線及び X 線についてのみ定義され，照射される物質についても空気に限定されている点に注意が必要である。

(6) 等価線量

放射線が人体に及ぼす影響の程度は，物理的因子，化学的因子，生物学的因子によって変化する（9章を参照）。このうち，放射線の種類・エネルギーに着目したものが等価線量である。**等価線量**（H_T）は，臓器・組織の吸収線量 $D_\mathrm{T,R}$ を**放射線加重（荷重）係数**（ICRP2007年勧告の翻訳において，荷重から加重に改められた）w_R で重み付けしたものとして式（2.9）のように表される。等価線量の単位は，Sv（**シーベルト**）である。

$$H_\mathrm{T} = \sum_\mathrm{R} w_\mathrm{R} \cdot D_\mathrm{T,R} \tag{2.9}$$

放射線加重係数 w_R を表 2.1 に示す。放射線加重係数の値は，低線量における確率的影響の誘発に関する生物効果比（RBE）の値を代表するように選ばれている。1990 年勧告で示された値から変更されたのは，陽子線と中性子線の値である。陽子線は，5 から 2 へと小さくなった。中性子線については，エネルギー領域ごとに離散的な値が割り振られていたものが，次式に示すように，エネルギーに対して連続関数で与えられている。

$$w_\mathrm{R} = \begin{cases} 2.5+18.2\exp[-(\ln E_\mathrm{n})^2/6] & E_\mathrm{n} < 1\,\mathrm{MeV} \\ 5.0+17.0\exp[-(\ln 2E_\mathrm{n})^2/6] & 1\,\mathrm{MeV} \leqq E_\mathrm{n} \leqq 50\,\mathrm{MeV} \\ 2.5+3.25\exp[-(\ln 0.04E_\mathrm{n})^2/6] & 50\,\mathrm{MeV} < E_\mathrm{n} \end{cases} \tag{2.10}$$

表 2.1　放射線加重係数（w_R）

放射線の種類	放射線加重係数, w_R		
	ICRP1990 年勧告		ICRP2007 年勧告
光子	1		1
電子およびミュー粒子	1		1
中性子	10 keV 未満のもの	5	エネルギーに対して
	10 keV 以上 100 keV まで	10	連続関数
	100 keV を超え 2 MeV まで	20	式(2.10)
	2 MeV を超え 20 MeV まで	10	
	20 MeV を超えるもの	5	
陽子	5		2
アルファ粒子 核分裂片 重原子核	20		20

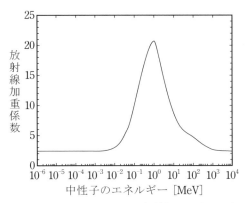

図2.2 中性子エネルギーと放射線加重係数の関係

この関数は図 2.2 のグラフのように表される。中性子エネルギーが 1MeV のときに最大で，最大値は約 20 である。エネルギーが低いときも高いときも 2.5 に近づく。

　放射線加重係数は，前述の通り低線量における確率的影響の誘発に関する生物効果比（RBE）の値を代表するように選ばれているので，等価線量は低線量被ばくによる確率的影響の評価のみに用いることができる線量概念である。したがって，放射線治療で急性大線量照射を行う場合において線質の違いを議論する場合などにおいては等価線量は使用できない。この場合にはその照射条件における RBE を評価して用いることとなる。

　また，等価線量の算定に用いられる吸収線量は，各臓器・組織の平均吸収線量であることにも注意が必要である。ICRP 1990 年勧告以前に用いられていた線量当量では，臓器・組織のある 1 点における吸収線量が用いられていたが，放射線防護上関心があるのは臓器・組織平均の線量であることから，1990 年勧告で放射線加重係数とともに等価線量が新たに定義された。（線量当量の概念は，場の測定のための実用量として残されている。）

(7) 実効線量

　確率的影響の発生確率と等価線量の関係は，被ばくを受けた臓器・組織の種類によっても異なる。臓器・組織によってがんおよび遺伝性影響のなりやすさが異なることを考慮した線量概念が実効線量である。**実効線量**（E）は，臓器・組織によりがんおよび遺伝性影響のなりやすさが異なることを考慮するための**組織加重（荷重）係数**（ICRP 2007 年勧告の翻訳において，荷重から加重に改められた）w_T を用いて式（2.11）のように表される。

$$E = \sum_\mathrm{T} w_\mathrm{T} \cdot H_\mathrm{T} \tag{2.11}$$

　組織加重係数を表 2.2 に示す。組織加重係数は，全身が均等に被ばくした結果生じる影響の総計に対する各臓器・組織の相対的寄与を表している（組織加重係数の和は 1 であり，各臓器・組織に割り当てられた組織加重係数の値は全体に対する割合を表すこととなる）。1990年勧告の値からの大きな変更点は，生殖腺の値が小さくなり，乳房の値が大きくなった点で

表 2.2　組織加重係数（w_T）[1]

組織・臓器	組織加重係数, w_T	
	ICRP1990 年勧告	ICRP2007 年勧告
生殖腺	0.20	0.08
骨髄（赤色）	0.12	0.12
結腸	0.12	0.12
肺	0.12	0.12
胃	0.12	0.12
膀胱	0.05	0.04
乳房	0.05	0.12
肝臓	0.05	0.04
食道	0.05	0.04
甲状腺	0.05	0.04
皮膚	0.01	0.01
骨表面	0.01	0.01
唾液腺	—	0.01
脳	—	0.01
残りの組織・臓器	0.05	0.12
合計	1.00	1.00

[1]これらの数値は，同数の両性および広い年齢範囲をもつ基準集団について導かれたものである。実効線量の定義においては，これらの数値を作業者，全集団および両性のいずれにも使う。

ある。全身が均等に被ばくした場合も，ある臓器が単一に被ばくした場合も，実効線量の値が同じであればそれらの被ばくによる影響は同じとなる。例えば，全身被ばくで 10 mSv の場合，実効線量は 10 mSv である。肺だけが被ばくして実効線量が 10 mSv であるのは，肺の w_T が 0.12 であることから，$0.12 \times 83 = 10$ で，等価線量が 83 mSv のときである。組織加重係数には，利用の簡便さのため丸められた 4 つの値が用いられている。例えば，骨髄と肺はどちらも 0.12 の組織加重係数の値が与えられているが，詳細に計算された相対寄与は 2007 年勧告では，それぞれ 0.107，0.157 である。これらの誤差は係数 2 以内となるように丸められている。（ここで着目している影響は，致死がん，重篤な遺伝性影響，相対的寿命損失，非致死がんであり，それらの相対的寄与を勘案したものは損害と呼ばれている。）

2.3 単位の接頭語

単位の接頭語を表 2.3 にまとめる。単位の接頭語は，3.7MBq（＝3.7×10^6Bq，メガベクレル）といったように単位の前に付して用いる。放射能の単位 Bq は通常用いる量に比べて少し小さく，k（キロ），M（メガ），G（ギガ）などを付して用いられることが多く，逆に実効線量の単位 Sv は少し大きく，m（ミリ），μ（マイクロ），n（ナノ）などを付して

表 2.3 単位の接頭語

倍数	記号	読み方	倍数	記号	読み方
10^{24}	Y	ヨタ	10^{-24}	y	ヨクト
10^{21}	Z	ゼタ	10^{-21}	z	ゼプト
10^{18}	E	エクサ	10^{-18}	a	アト
10^{15}	P	ペタ	10^{-15}	f	フェムト
10^{12}	T	テラ	10^{-12}	p	ピコ
10^{9}	G	ギガ	10^{-9}	n	ナノ
10^{6}	M	メガ	10^{-6}	μ	マイクロ
10^{3}	k	キロ	10^{-3}	m	ミリ
10^{2}	h	ヘクト	10^{-2}	c	センチ
10^{1}	da	デカ	10^{-1}	d	デシ

用いられることが多い。

　長さの単位で cm（センチメートル），広さの単位で ha（ヘクタール），容積の単位で dl（デシリットル）などが日常で用いられているが，通常は，3 の倍数乗のもののみを用いる。特に，従前用いられていた吸収線量の単位である rad（ラド）と置き換えられるとして，cGy（センチグレイ）を用いた例を散見するが，好ましくない。

演 習 問 題

1. カーマ，空気カーマ，空気衝突カーマについて説明せよ。

2. 放射線作業者が事故により大量の被ばくをした。医療処置を進めるために被ばく線量評価が必要であるが，評価に用いる線量を実効線量としてはならない。この理由を説明せよ。

3. 等価線量について誤っているのはどれか。
   1. 単位は Sv である。
   2. 吸収線量の関数である。
   3. 放射線加重係数が加味されている。
   4. 他の条件を一定にすると LET を小さくするほど大きくなる。
   5. 線源の分布に左右される。

4. ICRP 2007年勧告で用いられている放射線加重係数（w_R）の値として正しいものの組み合わせはどれか。
   a. 電子：5
   b. 陽子：10
   c. 光子：1
   d. α 粒子：20
   e. 中性子（0.01～1 keV）：2.5
   1. a，b，c　　2. a，b，e　　3. a，d，e　　4. b，c，d　　5. c，d，e

5. 次の放射能や線量（率）を接頭語を用いて表せ。
   1. 3.7×10^7 Bq
   2. 7.4×10^{11} Bq
   3. 2.4×10^{-3} Sv／年
   4. 6.8×10^{-5} Sv／hr
   5. 7.2×10^{-10} Gy

3．分子レベルの影響

3.1 直接作用と間接作用

　放射線の生体高分子への作用機序には，①直接作用と②間接作用の2つがある。ここでいう生体高分子は，4章で述べる標的と考えてもよいが，具体的には主としてDNAを指す。図3.1に直接作用と間接作用の概念図を示す。

　直接作用は，放射線が生体高分子を構成する原子と直接的に相互作用を起こし，電離・励起の結果，DNA損傷などの障害を生じるものをいう。γ線は間接電離放射線であり，2次電子と生体高分子の直接的な反応が直接作用となる。

　間接作用は，放射線が直接には生体高分子と作用せず，生体の70%以上を占める水分子と相互作用を起こし，電離・励起により生じたフリーラジカルを介して間接的にDNA損傷などの障害を生じるものをいう。**フリーラジカル**は，不対電子（電子スピンが互いに対を作っていない電子）を持つ化学種の総称であり，単にラジカルまたは遊離基とも呼ばれる。フリーラジカルはきわめて不安定で反応しやすく，安定分子やラジカル同士で瞬時に反応する。フリーラジカルが再結合を起こさずに拡散できる距離は2nmとされており，生体高分子か

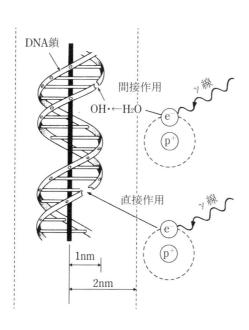

図3.1 直接作用と間接作用の概念図

ら半径 2nm 以内で生じたラジカルにより損傷を受ける。したがって，間接作用は水分子の存在が必要なため，乾燥系では直接作用が主となる。

3.2 フリーラジカルの生成と消長

放射線照射により水分子が電離・励起された場合，次に示すような反応によりフリーラジカルが生成される。

1）励起

励起された水分子は，H・（水素ラジカル）と OH・（ヒドロキシラジカル（hydroxyl radical：ヒドロキシルラジカルともいう））を生成する。

$$H_2O（励起）→ H・ ＋ OH・$$

2）電離

水分子が電離されると，H_2O^+（水イオンラジカル）と電子を生じる。

$$H_2O → H_2O^+ ＋ e^-$$

H_2O^+は非常に不安定であり，分解するか他の水分子と反応し，OH・を生じる。

$$H_2O^+ → H^+ ＋ OH・ または H_2O^+ ＋ H_2O → H_3O^+ ＋ OH・$$

また，H_3O^+は電子と反応し，H・を生成する。

$$H_3O^+ ＋ e^- → H・ ＋ H_2O$$

一方，電子の周りには水分子が集まり水和電子（e_{aq}^-）が生成される。これは，分子は分極しており正電荷の部分が電子の周りに配列するためである。

$$e^- ＋ nH_2O → e_{aq}^-$$

水和電子は水分子や水素イオンと反応し，H・を生成する。

$$e_{aq}^- ＋ H_2O → OH^- ＋ H・ または e_{aq}^- ＋ H^+ → H・$$

水分子の励起，電離によって生じる水素ラジカル，ヒドロキシラジカル，および水和電子をまとめて水ラジカルという。このうち，ヒドロキシラジカルは，電子引き抜き反応などの強い酸化作用で DNA の損傷に最も寄与し，水ラジカルやそれらの反応物から生成するラジカルや活性酸素種の中で最も反応性に富むラジカルで，寿命は最も短い。水素ラジカルと水和電子は還元作用を示す。

3）フリーラジカルの再結合

生成された H・や OH・といったフリーラジカルは拡散し広がっていくが，その過程でラジカル同士再結合するものもある。

$$H・ ＋ H・ → H_2（水素）$$

$$OH・ ＋ OH・ → H_2O_2（過酸化水素）$$

$$H・ ＋ OH・ → H_2O（水，中和反応）$$

フリーラジカルの再結合では，水素分子，水といった反応性の低い物質が生成されるため，

DNA 損傷への寄与は小さくなる。過酸化水素は，紫外線の照射や酸性条件で二価の鉄化合物を触媒的に反応させることにより OH・ラジカルを生成するため，過酸化水素自身の反応性は高くないものの，フリーラジカルの供給源として重要な役割を持つ。

　フリーラジカルの再結合はラジカル同士の距離が近いと起きやすい。フリーラジカルの生成密度は，低 LET 放射線では疎で高 LET 放射線では密である。このため，低 LET 放射線では間接作用の寄与が大きいが，高 LET 放射線では間接作用の寄与が小さくなる。

４）酸素存在下の反応

　酸素の存在下では，その電子親和性の大きさなどから，上記に加えて酸素とラジカルあるいは酸素と電子の反応が起こり，より反応性に富んだラジカルが生成されるために，放射線の効果が増大する。

$$H\cdot\ +\ O_2 \rightarrow HO_2\cdot\ （ヒドロペルオキシラジカル）$$

$$O_2\ +\ e^- \rightarrow O_2^-（スーパーオキシドラジカル）$$

　活性酸素と呼ばれるものには，OH・，O_2^-，H_2O_2（過酸化水素），$^1O_2$（一重項酸素）がある。前述したように，ラジカルとは不対電子を持つものをいう。酸素原子は 2 個の不対電子を持つ。2 個の酸素原子（不対電子は合計 4 個）が共有結合する場合，2 個の不対電子は対をなすが，残りの 2 個は不対電子のままであり，酸素分子もラジカルである。1 分子内に 2 つの不対電子を有する分子をビラジカル分子といい，酸素分子はビラジカル分子であるが，反応性は低い。酸素分子が 1 つ電子を得る（1 電子還元）と 1 つの不対電子を持つ O_2^- となる。H^+ の存在下で $HO_2\cdot$ となる。さらに電子を 1 つ得る（2 電子還元）と H_2O_2 となる。過酸化水素は不対電子を持たないのでラジカルではない。3 電子還元されると，つまり過酸化水素が還元されると，OH・と水分子がそれぞれ 1 つ生じ，4 電子還元されると，つまり OH・が還元されると水分子となる。全体を見れば，酸素分子が 4 電子還元されると 2 分子の水となる。また，$^1O_2$ は酸素分子（三重項酸素）の 2 個の不対電子が放射線・光などで励起されスピンペアをなしたものである。不対電子を持たず，ラジカルではないが，空になった電子軌道が

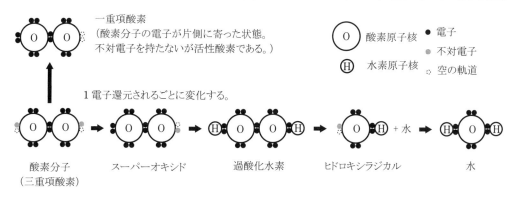

図3.2 酸素の電子還元

3. 分子レベルの影響

電子を求めることにより強い酸化力を持つため，反応性が高い。

細胞内にはこれらのラジカルや活性酸素を消失させる酵素が備わっており，SOD（スーパーオキシド・ディスムターゼ）は O_2^- を消失させ，カタラーゼは H_2O_2 を消失させる。

5）生成物の収率

これらをまとめると，水分子の放射線照射により生じる生成物は，H・，OH・，e_{aq}^-，H_2，H_2O_2 となる。これらの生成物の G 値（100eV のエネルギーを吸収したときの生成物の数）を表 3.1 に示す。OH・と e_{aq}^- の収率が高いことが分かる。水素イオンや水酸化物イオンが関与するために pH が G 値に影響を与える。表 3.1 の値は pH が 4〜9 のものであり，強酸下あるいは強アルカリ下では，さらに OH・と e_{aq}^- の収率は高くなる。

表 3.1　水の γ 線照射時の生成物の G 値

生成物	G 値
H・	0.6
OH・	2.8
e_{aq}^-	2.8
H_2	0.45
H_2O_2	0.75

6）生体高分子との反応

生体高分子との反応では，OH・が水素引き抜き反応といわれる次の反応を起こす（生体高分子を RH で表すものとする）。間接作用で生じる DNA 損傷の大部分が OH・によるものと考えられている。

RH ＋ OH・ → R・ ＋ H_2O　（水素引き抜き反応）

R・は引き続き OH・と反応し，水酸化されたり，他の有機ラジカルと反応し，別の新しい化合物を生成する。

R・ ＋ OH・ → ROH　（水酸化物）
R・ ＋ R'・ → RR'　（新しい化合物）

3.3 間接作用の修飾要因

間接作用はフリーラジカルを介する作用であり，希釈効果，酸素効果，保護効果および温度効果といった修飾作用が見られる。

1）希釈効果

希釈効果とは，溶液を照射する場合に溶質の濃度が低い方が高いときよりも溶質に対する放射線の影響の割合が大きくなることをいう。一定の線量を照射した場合，溶液の濃度によらず生じるラジカルの数は一定であるから，生じたラジカルと反応を起こす溶質の数も一定である。影響が起こる溶質の数は一定であるから，溶質の濃度が低い方が影響の起こる割合

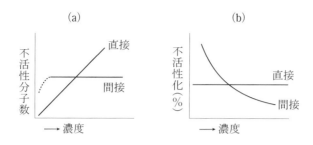

図3.3 希釈効果を示す濃度−効果曲線

は大きくなる。

　図 3.3 に希釈効果を示す濃度−効果曲線を示す。一定の線量を照射した場合，影響を受け不活性化した溶質の分子数は，間接作用では一定であるが直接作用では濃度に比例する（図a）。一方，溶質全体に対する不活性化する分子の割合で見ると，間接作用では濃度の増加に伴い減少するが直接作用では濃度に依存しない（図 b）。

２）酸素効果

　組織内の酸素分圧が放射線効果に影響を与えることを**酸素効果**という。大気 1 気圧は760 mmHg の圧力を有している。大気のうち約 21% を酸素が占めるため，大気中の酸素の圧力（酸素分圧）は約 155 mmHg である。この大気中の酸素を呼吸し，肺でのガス交換を経て，酸素は組織に行き渡る。その結果，正常組織では約 40 mmHg 程度の酸素分圧となる。正常組織においては，細胞の増殖は血管による酸素や栄養の供給があるところで起きる。しかし，増殖の速いがん細胞では，血管の形成よりもがん細胞の増殖によるがん組織の成長の方が早く，また，その後にがん組織内にできる血管も細い。したがって，血管から離れたがん細胞では，多くの場合，酸素濃度が低いという特徴がある。酸素存在下での放射線効果は，無酸素下での放射線効果に比べて大きい。これは，①酸素存在下でラジカルが酸素と反応し，スーパーオキシドラジカルなどのさらに反応性に富むラジカルを産生すること，②損傷部位が酸素と反応して固定化され，修復されにくくなることによると考えられている。このため，照射時の酸素分圧により酸素効果の大きさが決まり，照射後に酸素濃度を高めたとしても酸素効果は見られない。

　同じ生物学的効果を得るのに必要な無酸素下での線量と酸素存在下での線量の比を**酸素増感比**（OER：Oxygen Enhancement Ratio）といい，式（3.1）のように表される。

$$\text{OER} = \frac{\text{無酸素下である効果を得るのに必要な線量}}{\text{酸素存在下で同じ効果を得るのに必要な線量}} \quad (3.1)$$

　上述のように，酸素は間接作用で生じるラジカルによって，より活性に富むラジカルとして作用する増感剤として働く。そのため，ある生物効果を生じるための線量は，無酸素の時

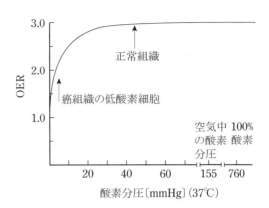

図3.4 酸素分圧による放射線感受性の変化

よりも少なくて済むことを意味する。(3.1) 式で，無酸素下での線量が分子であるから，OER
は 1 より大きな数値になることが分かる。逆に，OERが 1 以上の数値になることを知ってお
り，酸素が増感作用を示すことが分かっていれば，OERの計算式において，無酸素下での線
量の項が分子になることも理解できよう。実際，図3.4に示すように，OERは酸素分圧の
上昇につれて大きくなるが，酸素分圧が20mmHgを超えるとほぼ一定となる。低LET
放射線ではOERは2.5〜3程度であるが，高LET放射線では間接効果の寄与が小さいため
に酸素効果は小さい。すなわち，高LET放射線では，酸素が有っても無くても，効果の大き
さはさほど変わらないことを意味している（図3.5）。

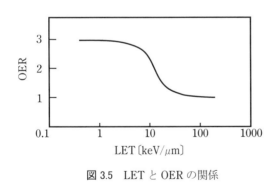

図 3.5　LET と OER の関係

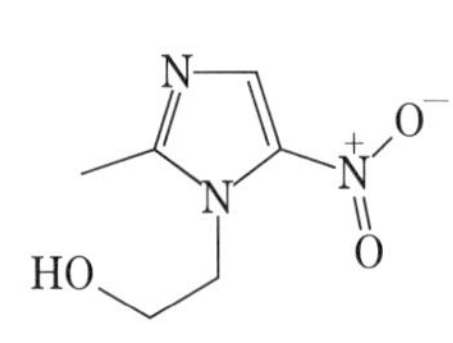

図 3.6　ニトロイミダゾール化合物
　　　　のメトロニダゾール

　酸素効果により腫瘍中の低酸素細胞の放射線感受性が低くなることは，腫瘍の放射線治療
上の大きな問題となっている。そこで，腫瘍中の低酸素細胞に対して酸素効果を与える薬剤
として，ニトロイミダゾール化合物が開発された。組織浸透性を有し，ニトロ基が酸素と同
様の作用を示す。(10 章参照)。

3）保護効果

　保護効果には，拮抗的作用と補修的作用の 2 つがあると考えられている。拮抗的作用は，

照射時にラジカルと反応しやすい物質が存在し，生じたラジカルが除去されて放射線の効果が減少することをいう。補修的作用は，ラジカルにより生体高分子が受けた損傷を修復する働きをもつ物質によって修復されることをいう。このような働きを持つ物質を**放射線防護剤**あるいは単に防護剤という(10章参照)。－SH 基（チオール基）や S－S 結合を有する化合物は水素を与えやすいのでラジカルと反応し，ラジカルを除去しやすいことからラジカルスカベンジャー（scavenge：取り除くという意味）といわれる。保護効果についても，酸素効果と同様に，照射時に防護剤が系内に存在することが必要である。

　防護剤の効果を示す指標として，式（3.2）に示される**線量減少係数**（DRF：Dose Reduction Factor)が用いられる。

$$DRF = \frac{防護剤を使用して同じ効果を得るのに必要な線量}{放射線単独である効果を得るのに必要な線量} \quad (3.2)$$

SH基を有する分子・・・システイン（cysteine）$HSCH_2CH(NH_2)COOH$

システアミン　$HSCH_2CH_2NH_2$

グルタチオン（Glu-Cys-Gly）

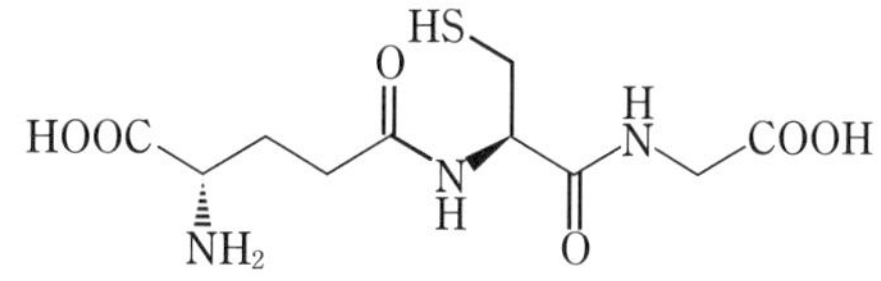

図 3.7　グルタチオン

４）温度効果

　温度が低下した状態では放射線効果は減少する。これを**温度効果**という。ラジカルの拡散が低温により妨げられるためと考えられている。

　また，温度の上昇につれて放射線感受性の増大が認められる。温熱（43℃以上）による細胞致死効果を利用した温熱療法（ハイパーサーミア）が行われており，放射線との併用治療も行われている(10章参照)。

3.4　ＤＮＡ損傷と修復

１）DNA の構造

　DNA は，塩基，糖（五炭糖：デオキシリボース）およびリン酸から構成される。糖に塩基がついたものをヌクレオシド，さらにヌクレオシドにリン酸がついたものを**ヌクレオチド**という。リン酸は五炭糖の 5'位につき，別のヌクレオチド内の五炭糖の 3'位にリン酸（正確にはリン酸残基）がつくことを繰り返し，鎖（糖鎖）ができあがる。5'位の向きの端を 5'末端，

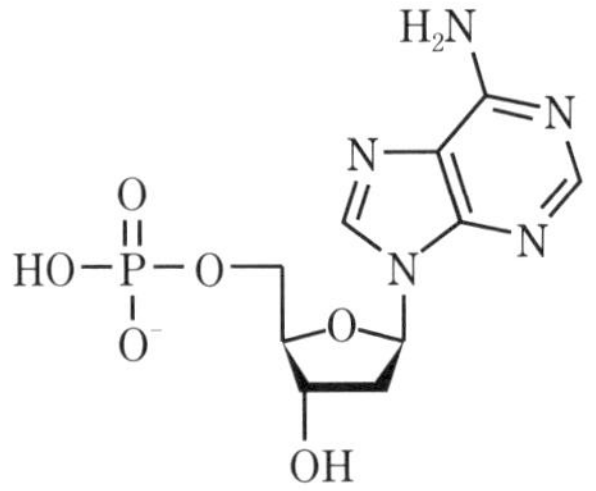

3. 分子レベルの影響

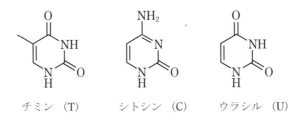

図 3.8　アデニンヌクレオチド（dAMP）

プリン塩基

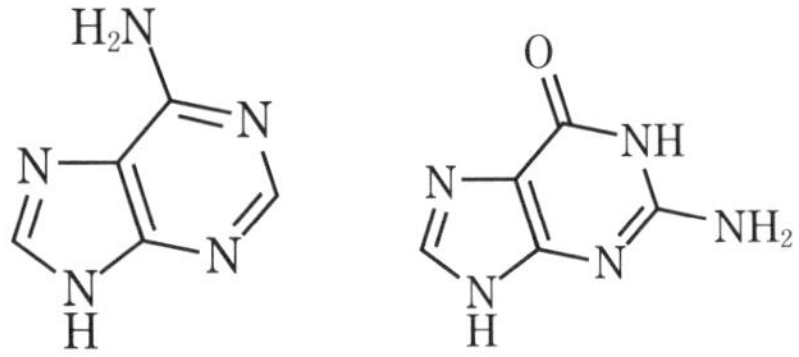

アデニン（A）　　　　　グアニン（G）

ピリミジン塩基

チミン（T）　　シトシン（C）　　ウラシル（U）

図 3.9　各種の塩基

3'位の向きの端を 3'末端という。炭素を区別するために，塩基がついた炭素を 1'位とし，以下，炭素の並んでいる順に 2'位，3'位・・・と命名される。糖鎖が 2 本，らせん状に並んだ巨大な分子がＤＮＡである。つまり，DNA は **2 重らせん構造**をなす。2 本の糖鎖の向きは逆向きで，1 本が 3'末端であれば，もう 1 本は 5'末端の向きである。

　DNA をつくる塩基は，アデニン（A），チミン（T），グアニン（G），シトシン（C）の 4 種類であり，向かい合う塩基が，A-T 間では 2 箇所，G-C 間では 3 箇所で水素結合をして 2 本の鎖をつないでいる。アデニンおよびグアニンをプリン塩基，チミンおよびシトシンをピリミジン塩基という。塩基の結合の組合せは決まっており，A と T，G と C の間のみで結合する。DNA の 2 重らせん構造と塩基の水素結合の様子を図 3.10（a），（b）に示す。

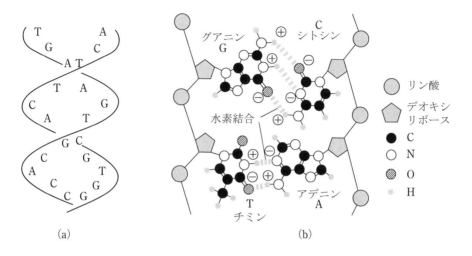

図3.10　DNAの構造
(a)2重らせん構造，(b)A〜TおよびC〜Gの水素結合

DNA の**複製**は，2 本の鎖が離れ
それぞれの鎖が鋳型となって対
応する塩基が配列されることに
より行われる。鋳型の鎖と相補的
な塩基配列の鎖が複製される（塩
基の組み合わせは決まっているの
で，鋳型の塩基が A であれば，T
が相補的に配置される）。したが
って，できあがった DNA のそれ
ぞれの鎖は 1 本が新しく 1 本は元
のままである。このような複製の
仕方は**半保存的複製**と呼ばれる
（図 3.11 参照）。DNA の複製に際
して材料となるのは，塩基とデオ
キシリボースにリン酸が 3 分子結
合したデオキシリボヌクレオシド
3 リン酸であり，塩基の種類によ
り dATP, dTTP, dGTP, dCTP の
4 種がある。

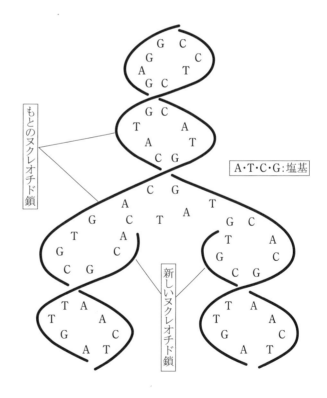

図3.11　DNAの半保存的複製

3. 分子レベルの影響

2）DNA 損傷

　電離放射線により引き起こされる DNA 損傷は，①**鎖切断**（1 本鎖切断，2 本鎖切断），②**塩基損傷**，③**塩基遊離**，④**架橋形成**などに分けられる。これらは細胞死や突然変異の原因となる。吸収線量当たりの DNA 損傷の種類と数が調べられており，それによれば，1Gy で，細胞 1 個あたり，1 本鎖切断数が約 1,000 個に対して，2 本鎖切断数は約 40 個形成されるとされている。また，DNA−タンパク質間架橋は 150 箇所との報告がある。フリーラジカルのうち OH・は，H・や水和電子に比べて鎖切断などの DNA 損傷に対し重要な役割を果たす。

（1）鎖切断

　鎖切断の原因は一般には糖鎖の損傷によるが，塩基損傷に引き続き起こる場合もある。DNA の 2 重らせんのうち，一方の鎖が切れたものを **1 本鎖切断**（単鎖切断），両方に切断が起こったものを **2 本鎖切断**（2 重鎖切断）という。2 本鎖切断は 1 本鎖切断よりも生じにくく，1 本鎖切断では 20eV，2 本鎖切断では 200〜400eV のエネルギーが必要とされる。高 LET 放射線では電離密度が密なことから，2 本鎖切断の割合が増える。低 LET 放射線のヒットにより別々に 2 つの 1 本鎖切断が生じる場合，3 塩基以内であれば 2 本鎖切断となる。

（2）塩基損傷

　塩基がラジカルと反応し，2 重結合がとれて H や OH が付加したものが生成される場合がある。塩基損傷はピリミジン塩基の方がプリン塩基よりも起こりやすい。

　脱アミノ反応では，シトシンがウラシルに変化する。また，アデニンはヒポキサンチンに，グアニンはキサンチンに変化する。また，チミンに対して OH・が付加し，チミングリコールができる。

（3）塩基遊離

　塩基の遊離は，塩基が DNA 鎖から遊離することにより塩基の抜けた部位が生じることをいう。塩基（ピリミジン，プリン）がないという意味から AP 部位（apyrimidinic／apurinic site）と呼ばれる。

（4）架橋形成

　2 つの塩基間に共有結合が生じたものをいう。DNA の 2 つの鎖間で架橋が生じたものを DNA 鎖間架橋，片方の鎖の中で架橋が生じたものを DNA 鎖内架橋という。核タンパク質と DNA の間で架橋が形成されることもあり，DNA−タンパク間架橋という。抗がん剤の一種であるシスプラチンは，DNA の塩基間に架橋し，DNA の複製を阻害する。

3）紫外線によるダイマーの形成

　紫外線は非電離放射線であり，電離は起こらず励起のみが起こる。DNA を構成する 4 種の塩基はいずれも 260nm 程度の波長の紫外線をよく吸収し，塩基分子の励起が起こる。この際，**ピリミジンダイマー**（ピリミジン 2 量体）が形成される。ダイマーとは隣接する塩基間に共有結合ができた状態をいう。チミン−シトシン間およびシトシン−シトシン間でもピ

リミジンダイマーは形成されるが，チミン－チミン間での形成頻度が高い（チミンダイマーと呼ばれる）。シクロブタン型ピリミジンダイマーと 6-4 光産物が形成される。

４）DNA 損傷の修復

DNA 損傷の修復機構として，主に①光回復，②除去修復，③組換え修復，④SOS 修復の4つが従来から考えられてきた。2 本鎖切断の修復機構として，①非相同末端結合及び②相同組換え修復の機構が明らかとなっている。以下の説明において煩雑になる場合は記述を省略しているが，DNA 損傷の修復の各段階において，各種酵素が働いていることを忘れてはならない。

（1）光回復

光回復は，紫外線による損傷であるピリミジンダイマーが光回復酵素の存在下で可視光にあたると，光を吸収しそのエネルギーによりモノマーに戻り回復するものである。図 3.12 にチミンダイマーの光回復の様子を示す。この回復機構については，大腸菌を用いた実験が多く行われた。非電離放射線である紫外線を用い，大腸菌は原核細胞で構造が単純であり，初期の放射線生物学における研究の進展に大きな寄与をもたらした。しかし，光回復酵素はウイルスおよびヒトを含む哺乳動物には存在しない。

（2）除去修復

除去修復は，最も基本的な修復様式であり，塩基に対するものとヌクレオチドに対するものがある。塩基に対するものの修復手順を図 3.13 に示す。①損傷のある塩基と DNA

1）紫外線による
チミンダイマーの生成

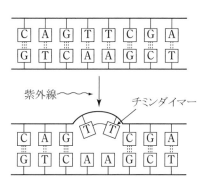

2）光回復酵素による
修復

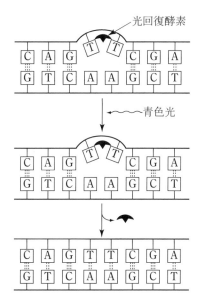

光回復酵素の存在下で青色光を当てると，酵素が活性化してチミンダイマーの結合を切断しDNAが修復される。

図3.12 紫外線によるチミンダイマーの生成と光回復

鎖（糖）との結合がグリコシラーゼにより切られ，塩基が除去される。②塩基のない AP 部位の糖が除去される。③除去された後に相補的なヌクレオチドが挿入される。④隣のヌクレオチドの OH およびリン酸基の間をエステル結合し，修復は完了する。ヌクレオチドに対する除去修復の手順も同様に，「切り込み－除去－修復合成－結合」の手順で行われるが，除去される塩基が損傷を受けたもののみではなく，まわりのいくつかの塩基が除去される点が異なっている。

　塩基やヌクレオチドを除去する過程に関係する酵素（エンドヌクレアーゼ）を欠いた先天性遺伝疾患に**色素性乾皮症**（Xeroderma pigmentosum : XP）がある。色素性乾皮症ではピリミジンダイマーを修復できないことから紫外線に高感受性を示し，皮膚がんが高率に発生する。

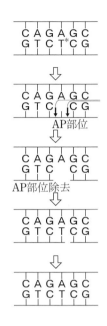

図3.13 塩基に対する除去修復

（3）組換え修復

　1 本鎖切断のある DNA において複製が行われる場合，複製はいったん損傷箇所で止まり，損傷箇所から 1000 程度の塩基をとばして再び複製が行われる。つまり，損傷のある鎖側の相補的に作られた新しい鎖にはギャップができてしまう。このギャップを埋めるために，複製前に損傷箇所の反対側にあった古い DNA 鎖が充てられて組み換えが行われる。ギャップを埋めるために用いられた古い DNA 鎖の部分に新たにギャップができてしまうが，新しい DNA 鎖がすでにできあがっているので，それを鋳型として正しく合成することができる。この修復を**組換え修復**（複製後修復）という（図 3.14 参照）。複製と組換えが行われた後にも損傷は残っているが，これは除去修復などにより修復されることとなる。複製後修復と別名があるが，組換え修復は，たとえ元の損傷が修復されないとしても複製後に正常な DNA ができあがることに意義がある。

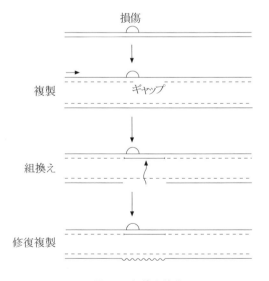

図3.14 組換え修復

（4）SOS 修復

　損傷の数が多く上記のような修復機構では対処できない場合に，損傷を起こしている部分についても塩基に対する正確な情報がないまま合成が行われることがある。緊急事態に誘導されるという意味から，**ＳＯＳ修復**（あるいは SOS 応答）と呼ばれている。この修復では誤った修復が起こりやすく，突然変異が起こりがちである。

（5）2 本鎖切断の修復

　非相同末端結合修復は 2 本の切断部位が単純に再結合される修復機構であり，いずれの時期にも発現されるが，G_1 期および G_0 期（細胞周期については 4.1 を参照）に活発に行われる。DNA-PK$_{CS}$，Ku70，Ku80（クーと読む）などのタンパク質の働きにより，両切断端の再結合が進む（図 3.15 参照）。2 本鎖切断では元の塩基配列の情報がないことから，再結合

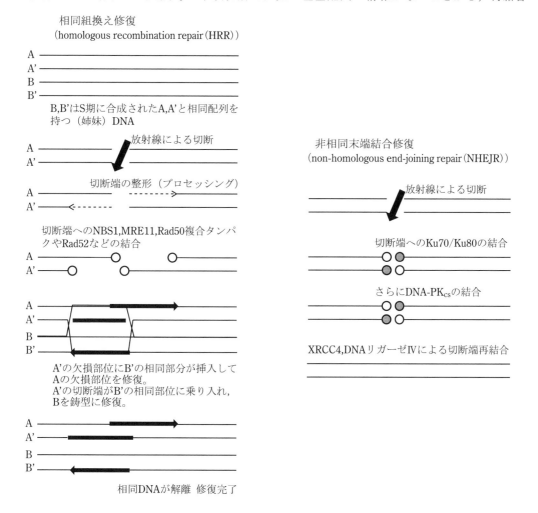

図 3.15　2 本鎖切断の修復

－45－

された部位の塩基配列は本来のものではなく，誤りがちな修復となる。

　一方，**相同組換え修復**では，それぞれの切断端において 3' 末端側が露出するように 5' 末端側の分解が起こる（プロセシングという）（図 3.15 参照）。DNA 鎖の分解にはヌクレアーゼやヘリカーゼといった酵素が働くが，3' 末端側には Rad52 タンパク質が結合し DNA 鎖の分解を防いでいる。2 本の露出された 3' 末端側の 1 本鎖 DNA に (3) で述べたように相同な DNA 鎖の組換えが起こり，続いて組換えられた DNA 情報を鋳型に分解された 5' 末端側の合成がされ修復が完了する。相同な DNA 情報を用いるために修復のエラーは起こらない。この相同組換え修復は，相同な 2 本鎖 DNA を必要とするので，DNA 合成後の S 期後期から G_2 期において発現する修復機構である。細胞周期の S 期後半で放射線感受性は低くなるが（4.1 参照），この時期には相同な染色体の距離も近く，この修復様式が精度高く行われるためと考えられている。

演 習 問 題

1. 間接作用の占める割合は，低 LET 放射線で大きく高 LET 放射線で小さい。この理由を電離密度の観点から説明せよ。

2. 活性酸素種に関する次の記述のうち，正しいものはどれか。
    1. H_2O_2 はラジカルである。
    2. $OH\cdot$ の還元作用は最も強い。
    3. H_2O_2 は鉄(Ⅱ)イオンなどの触媒効果により，体内で $OH\cdot$ を生成する。
    4. O_2^- はカタラーゼにより分解される。
    5. H_2O_2 は SOD により分解される。

3. 間接作用の修飾要因として，希釈効果，酸素効果，保護効果，温度効果の 4 つがあげられる。次の条件のとき，放射線の効果は大きくなるか小さくなるかを答えよ。
    1) 希釈効果：溶質の濃度を高くする。
    2) 酸素効果：酸素分圧を高くする。
    3) 保護効果：防護剤を与える。
    4) 温度効果：温度を高くする。

4. 放射線の間接作用に関する次の記述のうち，正しいものはどれか。
    1. 酵素溶液の濃度が高くなるのに比例して失活分子数が増加する。
    2. 放射線によって生成されたタンパク質のラジカルによる作用をいう。
    3. $OH\cdot$ の作用が主である。
    4. システアミンなどの SH 化合物の存在下で，細胞の感受性が増大する。
    5. 培養液中の酸素を窒素に置換して照射すると細胞の感受性が増大する。

5. DNA の放射線損傷に関する次の記述のうち，正しいものはどれか。
    1. DNA 損傷には，1 本鎖切断，2 本鎖切断のほかに，塩基損傷，架橋形成などがある。
    2. DNA の 2 本鎖切断は相補的な複製を行うため，1 本鎖切断に比べて修復しやすい。
    3. 塩基損傷では細胞死は起こらない。
    4. 塩基損傷は直接作用に比べ間接作用により引き起こされやすい。
    5. 突然変異の原因となるのは，塩基損傷だけである。

6. DNA 損傷の修復に関する次の記述のうち，正しいものはどれか。
    1. 光回復は，赤外線による損傷であるピリミジンモノマーが光回復酵素により回復するものである。
    2. 色素性乾皮症は XP と略される，エンドヌクレアーゼを欠くために組換え修復が行えない先天性遺伝疾患である。
    3. 除去修復では，塩基に対するものもヌクレオチドに対するものも損傷のある部分のみが除去される。
    4. SOS 修復は高度な修復機構であり，誤修復はめったに起こらない。
    5. 2 本鎖切断の修復様式には，非相同末端再結合と相同組換え修復があり，後者の方が正確な修復を行う。

4．細胞レベルの影響

4.1 細胞周期による放射線感受性の変化

細胞は細胞分裂を繰り返して増殖する。分裂から次の分裂までの1サイクルを**細胞周期**という。図 4.1 に示すように M 期→G_1 期→S 期→G_2 期→M 期と繰り返される。M 期は分裂期，S 期は DNA 合成期である。この細胞分裂において重要な 2 つの時期を埋めるものとして，G_1 期及び G_2 期がある（G は gap の G）。細胞分裂を行わず G_1 期に長くとどまっている場合，特別に G_0 期（静止期）と呼ぶことがある。また，分裂期以外の時期をまとめて**間期**と呼ぶ。例えば，ヒトの大腸クリプト細胞の細胞周期は全体で 40 時間程度であり，分裂期は 1 時間，DNA 合成期は 20 時間となっている。

細胞の放射線感受性は，細胞周期の時期によって変化する。図 4.2 に示すように，細胞周期の中で M 期（分裂期）の放射線感受性が最も高く，G_1 期の終わりから S 期前半にかけても放射線感受性が高い。一方，S 期後半で放射線感受性は最も低く，G_1 期初期（G_1 期が十分に長い場合）においても放射線感受性は低い。

これらの結果は，細胞周期を同調させた細胞に照射することにより得られる。培養細胞はそのままでは細胞周期は個々にばらばらなので，DNA 合成や細胞分裂の阻害剤を用いて細胞周期を揃える必要がある。培養細胞をシャーレに撒いたすぐ後は細胞は盛んに分裂し，その数は 2 倍，4 倍，8 倍と指数関数的に増殖する。この時期は対数増殖期と呼ばれる（片対数グラフで直線となるため）。その後，細胞数が増えシャーレいっぱいに広がるようになると，細胞分裂の頻度はゆっくりとなり，ついには停止する。この時期はプラトー期と呼ばれ

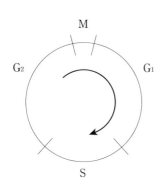

図4.1　細胞周期

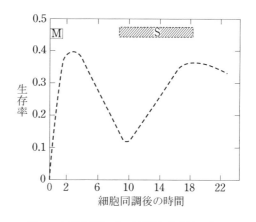

図4.2　細胞周期による放射線感受性の変化

る。たとえはじめに細胞周期を同調させたとしても個々の細胞の細胞周期は少しずつ異なるため，何回か分裂を繰り返した後の対数増殖期にある細胞群は様々な周期の細胞からなる。このときの細胞集団全体の放射線感受性は各時期を平均したものと考えることができる。一方，プラトー期の細胞が G_1 期で止まっていれば，G_1 期における放射線感受性を全体として示すこととなる。

4.2 分裂遅延と細胞死

4.2.1 分裂遅延と細胞周期チェックポイント

　細胞は放射線照射されると，分裂頻度の低下や細胞周期の延長が見られ，分裂が遅延する。遅延時間は，照射線量に比例して長くなる。チャイニーズハムスターの培養細胞を用いた実験結果では 10Gy 程度まで良好な比例関係が見られ，10Gy 照射時の遅延時間は 10 時間程度であった。また，放射線の線質や細胞の種類，照射時に細胞が置かれている条件により遅延時間は影響を受けるものと考えられる。

　細胞分裂において，遺伝情報を正確に次の細胞に伝えるためには，染色体の複製が正確に行われる必要がある。このため，細胞周期の進行状況や DNA 損傷の有無をチェックするための機構が備わっており，これを**細胞周期チェックポイント**という。チェックポイントは，細胞周期の様々な段階に備わっており，G_1 期チェックポイント，S 期チェックポイント，G_2 期チェックポイントなどがある。これらのチェックポイントで異常が発見されると，DNA 修復を行うため，細胞分裂が一時的に停止する。このため，細胞分裂遅延が生じる。従来の研究では，分裂遅延は主に G_2 期で起こるとされており，その際に G_2 期で止まるため G_2 ブロックと呼ばれていた。この名残りで，G_1 期チェックポイント，G_2 期チェックポイントをそれぞれ G_1 ブロック，G_2 ブロックと呼ぶ場合もある。

　毛細血管拡張性運動失調症（ataxia telangiectasia, AT）は，ヒトの劣性遺伝病で，免疫不全や白血病が高率に発症する。AT 患者の細胞では，細胞周期チェックポイントの機構が備わっておらず，放射線照射に対して高率に細胞死を起こす（2Gy の照射で，健常人の細胞では 50%の生存率であるのに対し，AT の細胞ではわずか 1%の生存率）。AT 患者は ATM 遺伝子に異常があることから，ATM 遺伝子が細胞周期チェックポイントを調節していると考えられている。

4.2.2 細胞死

　細胞がある程度以上の放射線照射を受けると**細胞死**を起こす。細胞死は，①細胞周期の観点から分裂死と間期死に，②細胞死の形態の観点からネクローシスとアポトーシスにそれぞれ分類される。

１）分裂死と間期死

　分裂死は，活発に細胞分裂している細胞が放射線照射を受けた後に数回の分裂を経てから

標 準 計 測 法

外部放射線治療における
水吸収線量の標準計測法
（標準計測法 12）

日 本 医 学 物 理 学 会 編

B5判　256ページ

定価 ３８５０円（本体3500円＋税）

「外部放射線治療における吸収線量の標準測定法（標準測定法01）」の改訂版。^{60}Co γ 線による水吸収線量を標準とした校正によって水吸収線量校正定数が直接与えられた電離箱線量計を使用し，外部放射線治療における水吸収線量を計測するための標準的な方法を詳述。電離箱線量計校正の変化に対応し，光子線，電子線だけでなく，陽子線および炭素線治療も包括した外部放射線治療における水吸収線量計測の標準的方法・手順を提供。放射線治療関係者必携の指針書！！

密封小線源治療における
吸収線量の標準計測法
（小線源標準計測法 18）

日 本 医 学 物 理 学 会 編

B5判　220ページ

定価 ３８５０円（本体3500円＋税）

密封小線源の特性、線量標準とトレーサビリティ、線源強度計測法、密封小線源治療における吸収線量の計算式を詳述。付録には、小線源治療における不確かさの評価・線量計算パラメータ詳細・モデルベース型線量計算アルゴリズムによる線量計算・IGBT 3次元治療計画・^{125}I 線源強度の代替測定法・防護に係る測定・治療装置・品質保証/品質管理・事故防止とトラブル対応・緊急時対応訓練・HDR密封小線源治療計測の現状と課題を掲載。密封小線源治療の標準化に向けた指針書！

外部放射線治療装置の
保守管理プログラム

日本放射線腫瘍学会研究調査委員会編

B5判　80ページ

定価 １９８０円（本体1800円＋税）

高エネルギー放射線治療装置を適切に利用し、放射線治療を正しく行うためには、まず第一に線量および治療装置の精度を常に保証する品質保証プログラムが確立されていなければならない。本書は、放射線治療の理工学技術の総合的品質管理のために、関係学術団体が協同で作成した画期的な保守管理プログラムである。

〒107－0061　東京都港区北青山 2～12～4　坂本ビル　**（株）通商産業研究社**

TEL 03（3401）6370　　FAX 03（3401）6320　　URL http://www.tsken.com

＊お急ぎのご注文は TEL・FAX または e-mail（tsken@tsken.com）で小社に直接お申込下さい。
12時までのご注文は、その日の内に宅配便・ゆうメール等で発送します（土、日、祝日は除く）。
送料は書籍代金が3000円以上の場合は無料、3000円未満の場合は440円［税込］です。

死に至るものであり，**増殖死**ともいわれる。分裂死は，数10Gy以下の線量を受けた際に起こり，死に至るまでの分裂回数は線量に依存する。この細胞はDNA合成やタンパク質合成といった代謝活動を続けているものの細胞分裂の能力はもはやない。無限の増殖能を失った状態が分裂死の定義である。分裂死は，骨髄や腸の幹細胞，腫瘍細胞，培養細胞など盛んに分裂している細胞で見られる。細胞をシャーレなどで培養しコロニー形成率を観察することにより分裂死の判定ができる。コロニー形成率を調べる方法はコロニー形成法とよばれ，細胞生存率曲線を作成するときに細胞生存率として用いられる。増殖する細胞を一旦ばらばらの状態にし，シャーレに播く。細胞は1個の細胞から次第に数を増やし，細胞の種類にもよるが，1週間ほどの培養で，数十個から100個程度の細胞から成るコロニーとよばれる細胞集団を形成する。放射線を照射した細胞に増殖死が起これば，その細胞では十分な大きさのコロニーが形成されないため，細胞死（増殖死）と判定される。しかし，この実験方法では，細胞をばらばらにするなどの実験操作自体によって細胞がダメージを受け，死ぬ細胞も存在するため，放射線を照射しなくとも播いた細胞が全てコロニーとなることはない。そのため，放射線による細胞の生存率を計算するにあたっては，放射線を照射していない対照群のコロニー形成率で補正する必要がある。下にコロニー形成率から求める細胞生存率の計算式を記す。

$$
細胞生存率 = \frac{\dfrac{照射群のコロニー数}{播種した細胞数}}{\dfrac{非照射群のコロニー数}{播種した細胞数}}
$$

DNAやタンパク質の合成は続けられているので，巨大細胞が形成されたり隣接した細胞同士で核の融合が起こったりすることがある。

　間期死は，間期にある細胞が放射線照射を受けた後，分裂することなく死に至るものである。もはや細胞分裂を行わない神経細胞，筋細胞などの分化した細胞で間期死は見られ，細胞分裂している細胞でも分裂死が起こる線量よりもさらに大きな線量が与えられると間期死が起こる。これらを低感受性間期死という。一方，リンパ球や卵母細胞などでは低線量の照射で間期死が見られ，これを高感受性間期死と呼んで区別している。間期死の判定は，細胞は分裂しないのでコロニー形成法を用いることができず，色素を細胞に取り込ませて排出能を調べることにより行われる。これを色素排除試験という。これは，生きている細胞は，色素などの異物が細胞膜から浸透して侵入してきても，能動輸送システムを用いて細胞外に排出する能力があることを用いる。細胞の懸濁液に等張のトリパンブルー溶液を加え，軽く攪拌後，顕微鏡で観察すると，生きた細胞では細胞内が染まることはないが，死んだ細胞では色素を排除できないため細胞内が青く染まる。それぞれの細胞数を数えることにより細胞の生存率を知ることができる。この場合も，実験操作が加わるため，放射線の影響を見る場合

には常に非照射群との比較を行う必要がある。

２）ネクローシスとアポトーシス

　ネクローシス（壊死）は従来から考えられていた病理的で受動的な死である。外的，内的に様々な損傷を受けて，形態的な膨張，細胞膜が破れるなどの構造破壊による。一方，アポトーシスは生理的で能動的な死であり，損傷を受けた細胞が積極的に自己を排除するために起こると考えられている。しかし，オタマジャクシの尾の消失もアポトーシスによっており，損傷を受けた細胞を排除する目的だけではなく，生命体を維持するためにある細胞を死に至らせるという生命現象は必要なものである。このため，プログラム死と呼ばれることもある。リンパ球などで見られる高感受性間期死はアポトーシスである。アポトーシスの特徴として，クロマチンの凝縮，核（DNA）の断片化（決まった箇所が切断されるため，DNA断片の大きさを電気泳動法で分析すると，一定間隔でDNAの断片がみられ，はしご状に見えることから，ラダー状DNAという）などがあげられる。

　また近年，セネッセンスという細胞老化という細胞死の概念も重要視されている。染色体の末端領域にはテロメアと呼ばれる単純な反復配列をなす部分があり，細胞分裂のたびに短くなる。このため，一定回数（50〜60回程度）以上の細胞分裂は行えない。アポトーシスと並び，細胞ががん化することを抑制するための防御機構の1つと考えられている。

4.3 生存率曲線

4.3.1 標的説

　哺乳動物の培養細胞に放射線照射した場合の線量反応曲線を図4.3に示す。横軸に線量を線形目盛で，縦軸に生存率を対数目盛でとるのが普通で，細胞の**生存率曲線**（あるいは生存曲線）と呼ばれる。線量が増大すれば細胞の生存率は低下するので，曲線は右下がりとなる。

　図4.3に示すように，高LET放射線では直線となるが，低LET放射線では低線量部において**肩**が見られ，線量が大きくなると直線を示す。

　この生存率曲線の形を説明するために**標的説**というモデルが提唱されている。標的はターゲット（target）といわれることも多い。標的説とは，細胞は1つまたは複数の標的を持

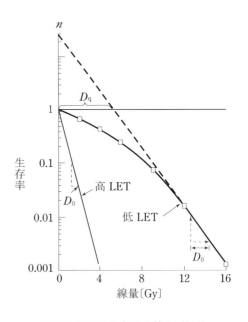

図4.3 細胞の生存率曲線（標的説）

ち，個々の細胞が持つ標的がすべて放射線でヒットされると細胞死を起こすというものである。標的数が1でその標的が1ヒットを受けると細胞死を起こすとするものが，1標的1ヒットモデルであり，図4.3のような生存率曲線では直線を示す。標的数が複数で，それぞれの標的は1ヒットで不活性化しすべての標的がヒットを受けてはじめて細胞死が起こるとするものが，多標的1ヒットモデルである。低LET放射線では生存率曲線に肩が見られるが，これはヒットされた標的が細胞内に蓄積されている段階と説明できる。一方，高LET放射線では電離密度が高いことから1本の放射線で細胞内のすべての標的がヒットされるため，生存率曲線は直線となる。1標的1ヒットモデルが直線を示すこととの違いに注意が必要である。基本的に，式（4.1）は1標的1ヒットモデルを記述したもので，高LET放射線の場合にも適用可能と考えるのが自然であろう。

図4.3に示されている高LET放射線に対する曲線および低LET放射線に対する曲線は，以下の式（4.1）および式（4.2）でそれぞれ表される。

$$S_{\mathrm{HLET}} = \exp(-D/D_0) \tag{4.1}$$

ただし，S_{HLET}：高LET放射線による生存率

$\qquad D$：線量

$\qquad D_0$：生存率37%における線量（すなわち勾配の逆数）

$$S_{\mathrm{LLET}} = 1-(1-\exp(-D/D_0))^n \tag{4.2}$$

ただし，S_{LLET}：低LET放射線による生存率

$\qquad D$：線量

$\qquad D_0$：生存率曲線の直線部分の勾配の逆数

$\qquad n$：線量0における外挿値

生存率曲線の直線部において，生存率を37%に減少させるのに必要な線量を**平均致死線量**といい，記号ではD_0と表す（式4.1および4.2におけるD_0）。D_0は標的に平均1個のヒットが生じる線量ということもできる。ヒットはランダムな現象でありその確率はポアソン分布に従う。標的に対するヒットの期待数をTとすると，標的にX回のヒットが起こる確率は，$P(X)=e^{-T}(T)X/X!$で表される。1ヒットで細胞死が起こる領域（グラフの直線部分）では，細胞が死なない（生き残る）のは全くヒットを受けない確率に相当する。したがって，その確率は$P(0)=e^{-1}$となり，自然対数の底$e≒2.718$から，標的にヒットが起きない確率，すなわち細胞が死なない確率は約0.37という値が得られる。D_0は哺乳動物細胞では1〜2Gy程度である。異なる細胞間の比較では，D_0が小さい方が細胞の放射線感受性が高く，同じ細胞に異なった種類の放射線を照射した場合では，小さなD_0を与える放射線の方が致死効果が高い。

肩を持つ生存率曲線の直線部分を延長した縦軸との交点を**外挿値**（n）といい，標的数を表す指標として用いる。低LET放射線の場合，哺乳動物細胞についてのnの値は2〜20の

範囲にある。さらに，直線部分の延長が生存率 1.0 の線と交わる線量を**見かけのしきい線量**（D_q）といい，肩の大きさを表すことから放射線損傷からの回復の指標として用いられる。すなわち，肩の大きな生存率曲線を示す細胞では，低線量域では線量の上昇に対して生存率の減少は穏やかで，線量が大きくなると急激に生存率が低下する。そこで，総線量を生存率の減少が小さい線量に分割し，細胞を休ませながら照射することにより SLD 回復が期待でき，結果として細胞の生存率を単回照射時よりも上げることができる。逆に，高 LET 放射線のように，線量に対して肩が無く直線的に生存率が減少する場合には，D_q 値は得られない。このことは，高 LET 放射線では照射された細胞に回復が見られず，線量率効果，分割照射の効果も期待できないことを意味している。

　まとめていえば，細胞の生存率曲線は，①D_0（生存率曲線の指数関数部分で生存率を 37% に減少させるのに必要な線量である平均致死線量），②n（肩を持つ生存率曲線の直線部分を延長した縦軸との交点である外挿値）および③D_q（直線部分の延長が生存率 1.0 の線と交わる線量である見かけのしきい線量）の 3 つのパラメーターのうちのいずれか 2 個で特徴づけることができる。

4.3.2 直線 2 次曲線モデル

　標的説では，酵素やウィルス，DNA を用いた実験ではよく説明できたが，哺乳動物細胞を用いた実験では，理論値から計算される細胞生存率が，実際にマウスやヒトなどの細胞を用いた実験や放射線治療における分割照射の 1 回線量として用いられる低線量領域（約 10Gy 以下）では実際の実験結果よりも高くでてしまうことが分かった。そのため，最近は**直線 2 次曲線モデル**（LQ モデル）の方がよく用いられるようになってきている。図 4.4 に LQ モデルにおける細胞生存率曲線を示す。LQ モデルでは，細胞死は DNA の 2 本鎖切断によって起こることを前提としている．DNA の 2 本鎖切断の生じ方には 2 通りある。1 つは，1 本の放射線が同じ飛跡内で 2 本鎖切断をつくる場合，もう 1 つは，2 本の放射線が別々に 1 本鎖切断を起こし，その結果として 2 本鎖切断が生じる場合である。1 本の放射線が 2 本鎖切断を生じさせるのであれば，2 本鎖切断の生成量，すなわち細胞死は線量に比例する。このときの比例係数を α とすれば，細胞生存率は　$S = \exp(-\alpha D)$　と表すことができる。1 本の放射線で 2 本鎖切断が生じる現象を飛跡内事象（同じ飛跡内で生じる事象という意味）という。一方，2 本の放射線で 2 本鎖切断が起きるためには，2 本鎖 DNA のそれぞれの 1 本鎖 DNA に生じた切断が，たまたま向かい合った，あるいは近傍に生じた場合に起こることになる。線量が小さいうちはこのような現象はなかなか生じないが，線量が大きくなるとその頻度が急激に増加することが想像できよう。このような現象は線量の 2 乗に比例することが分かっており，その比例係数を β とすると，この場合の細胞生存率は $S = \exp(-\beta D^2)$ と表すことができる。また，この事象は，2 本の別々の放射線によって生じることから飛跡間事象と呼ばれる。実際には，放射線の線質の違いなどによって DNA 2 本鎖切断の生じ方は異なり，細胞

の生存率は飛跡内事象と飛跡間事象の和として計算される（式4.3）。このモデルでは，10Gy程度までの線量では実験結果とよく一致するが，線量が大きくなると2次の項（線量の2乗の項）が大きく影響してくるため，実際の実験結果よりも生存率が小さく計算されることになり，LQモデルを用いるときに注意しなければならない。

$$S \; = \; \exp \left(-\alpha D - \beta D^2 \right) \tag{4.3}$$

ただし，S：生存率

D：線量

α：1次項の係数

β：2次項の係数

αは1次項の係数で$1 \times 10^{-1} \sim 5 \times 10^{-1} \mathrm{Gy}^{-1}$，$\beta$は2次項の係数で$1 \times 10^{-1} \sim 5 \times 10^{-1} \mathrm{Gy}^{-2}$の範囲にある。飛跡内事象と飛跡間事象が等しい細胞生存率を与えるときの線量を計算すると，$-\alpha D = -\beta D^2$から，$D = \alpha / \beta$が得られる。図4.4では，10Gyである。このα / βの値（α / β値）は細胞生存率曲線の形を決定する重要なパラメータである。特に，放射線によるがん治療においては，がん細胞（組織）とその周囲の正常細胞（組織）のα / β値の違いによって，分割照射の1回線量，治療期間，副作用としての正常組織の障害発生などを検討する際の重要な指標となる。たとえば，α / β値の小さい（1〜3Gy程度）正常組織は回復能が大きく，一般的に放射線低感受性の後期反応（組織）が該当する。細胞生存率曲線では大きな肩を持つグラフを示す。

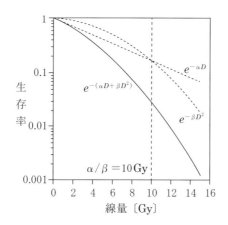

図4.4 細胞の生存率曲線(直線2次曲線モデル)

一方，α / β値の大きい（10Gy程度）細胞（組織）では，回復能は小さく，放射線に感受性が高い。早期反応組織と呼ばれる骨髄や生殖腺，皮膚や腸上皮，および一般的な腫瘍組織などが該当する。これらの細胞の生存率曲線は，グラフの肩が小さく，直線的である。

ここで，α / β値の大きな腫瘍と，α / β値の小さな周囲組織が分割照射によって同時

に照射されることを考えてみる。腫瘍では，α／β値が大きいため回復が小さい。そのため，線量が分割されても総線量が1回で照射されたときと効果は大きくは変わらない（小さいが回復はある）。一方，周囲の正常組織の後期反応では，1回線量が小さくなり回復がみられるため，総線量を1回で照射する場合に比べ，組織の障害が軽減されることになる。このように，α／β値の差を考慮することが，放射線がん治療に分割照射を用いる理論の一つとなっている。表4.1に主な組織の反応型とそのα／β値を表す。

表 4.1　放射線治療成績から得られたヒト正常組織の
早期反応，後期反応および主要組織のα／β値

組織と反応	α／β値
早期反応	
皮膚　紅斑	8.8
落屑	11.2　（29日以内）
落屑	18〜35　（29日以降）
肺　　急性炎症	8.8＜
後期反応	
咽頭　軟骨壊死	〜3.4
皮膚　毛細血管拡張	3.9
皮下組織線維化	1.9
肺　　線維症	3.8
骨髄　骨髄炎	＜3.3
腸　　狭窄・穿孔	2.2〜8
腫瘍組織	
口腔・咽頭癌	50〜90
頸癌	13.9＜
皮膚癌	8.5
悪性黒色腫	0.6
脂肪肉腫	0.4

Thames, H.D. 他，Radiotherapy and Oncology, 19, 219-235(1990) より改変

4.3.3 生物学的等価線量（Biologically equivalent dose）

線量を分割することと，α／β値の違いによって，同じ生物効果を得るにはどれほど線量に違いがあるかを表すのが生物学的等価線量BEDである。BEDは次の式から求められる。

$$BED = nd\left(1+\frac{d}{\alpha／\beta}\right)$$

ここで，nは分割回数，dは分割時の1回線量である。したがって，ndは総照射線量である．たとえば，ある腫瘍のα／β値が10Gyであったとする。これを1回2Gy，週5日，6週間のスケジュールで分割照射を行った場合，BEDは，30×2(1+2／10)＝72(Gy) と計算される。

このがん細胞に 60Gy の線量を 1 回照射したときと同じ生物効果をもたらすのは，上記の分割照射条件の時 72Gy ということになる。では，正常組織の後期反応ではどうか。正常組織の後期反応の α／β 値が 2Gy であったとすると，計算式から　BED＝30×2(1+2／2)＝120(Gy)と計算される。正常組織では，1 回照射時の線量に比べ，同じ生物効果を与えるには倍の 120Gy が必要となる。このことは，前項にも述べたとおり，分割照射することによって正常組織の後期反応では早期反応に比べてより大きな回復が起こることを表している。

　通常，正常組織・臓器では早期反応と後期反応の両方が生じる。たとえば，肺がんの治療で放射線による分割照射を行った場合，正常組織の早期反応である放射線肺炎の α／β 値はがん細胞と同様に比較的大きい。したがって，治療中における肺炎の発症は止むを得ないと考え，肺炎は薬剤などによって治療する。一方で，分割照射は，α／β 値の小さい後期反応である肺線維症の発症を抑えることができる。肺線維症は，肺胞の周り（間質）の組織が肥厚し，肺胞がふくらむことができなくなる疾患で，呼吸数が 1 分あたり 180 回あるいはそれ以上になってしまうなど，生命に直接かかわる疾患である。このように，放射線治療では，生命にかかわる正常組織の副反応をいかに抑えてがんを死滅させるかを考え，その際に α／β 値の違いによる回復能の差を利用した分割照射が放射線治療の選択肢になる。

4.4　ＳＬＤ回復とＰＬＤ回復

　細胞が受けた損傷から回復するには，①SLD 回復と②PLD 回復の 2 通りがある。

1）SLD 回復

　Elkind らは培養細胞の分割照射実験を行い，細胞は死に至る直前の損傷である**亜致死損傷**（sub-lethal damage：SLD）から回復できることを示した。図 4.5 の曲線 A は培養細胞に 1 回照射した場合の生存率曲線であり，曲線 B は 1 回目に 5Gy の照射を行い 10 数時間後に 2 回目の照射を行った場合の生存率曲線である。1 回目の照射後に損傷の回復がまったくなければ，分割照射した後の生存率曲線は曲線 A に重なるはずである。しかし，曲線 A と曲線 B は同じ大きさの肩を持つ同一の形の曲線を示している。このことは，1 回目の照射から 10 数時間の間に細胞死に至らなかった損傷はすべて回復したことを示している。このような回復を**ＳＬＤ回復**，あるいは発見者の名にちなんで Elkind（エルカインド）回復という。低 LET 放射線では SLD 回復が見られるため，同一線量が照射される場合，高線量率で短時間に照射（急照射）するよりも，低線量率で長時間

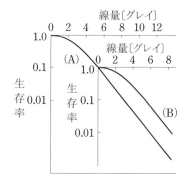

図4.5　2分割照射による亜致死損傷からの回復

4. 細胞レベルの影響

にわたり照射（緩照射）した方が影響は小さい。これを線量率効果という。これは，線量率が低い時には，損傷を受けているそばから修復が行われていると考えられるためである。したがって，線量率が大きい時には損傷の修復が追い付かず，影響が大きくなる。線量率とは，時間当たりの線量であるから，SLD 回復においては時間要因による回復と考えることができる。また，高 LET 放射線では SLD 回復はないか小さく，線量率効果もないか小さい。

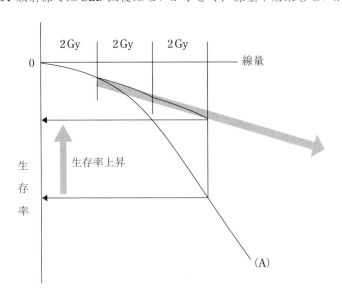

図4.6 分割照射による細胞生存率への影響

　線量率効果は，線量率を小さくして連続して照射する場合にみられるが，1 回に照射する総線量を何回かに分けて照射する分割照射によっても生じる。例えば，図 4.6(A)のような肩を持つ細胞生存率曲線を示す細胞を，2 Gy ずつ，線量を分割して照射することを考える。照射は SLD 回復に十分な時間間隔で行う。1 回目の 2 Gy 照射後細胞を休ませ，再び 2 Gy 照射，照射休み，また 2 Gy 照射と繰り返した場合，図 4.6 のように，1 回で 6 Gy 照射した場合と，2 Gy を 3 回に分けて照射した場合では，総線量は同じでも，線量を分割して照射したときの方が細胞生存率は高くなる。この効果は，グラフの肩が大きな細胞生存率曲線を示す細胞や組織で顕著にみられる。

2）PLD 回復

　本来であれば死に至る細胞が，照射後に置かれる条件により生存率が回復する場合がある。本来死に至るはずであったことから，**潜在的致死損傷**（potentially lethal damage：PLD）からの回復と呼ばれる。例えば，細胞に増殖の余地が無く，増殖できない状態である定常期（プラトー期）にある細胞を照射し，その後もそのままの状態にしておいた場合の方がすぐにシャーレにまき直して増殖させた場合に比べて生存率が高くなる。それ以外には，低栄養

や低酸素など細胞が細胞増殖に適さない環境にある場合に見られる。これは，細胞周期が停止している状態では，修復に時間をかけることができるためと解釈することができ，SLD回復の時間要因に対し，PLD回復は環境要因による回復と捉えることができる。対数増殖期のものに照射した場合は，照射後に置かれる条件によらずPLD回復は見られない。PLD回復は照射後1時間以内に終わるものと照射後2〜6時間かけて行われるものの2種類がある。したがって，照射後6時間以上経過してから細胞を置く条件を変えてもPLD回復は見られない。また，高LET放射線ではPLD回復はないか小さい。PLD回復は，増殖の余地が無く細胞分裂を停止している高密度のがん組織のがん細胞において，放射線抵抗性の細胞が生じる一つの要因と考えられている。

4.5 突然変異

4.5.1 遺伝子と染色体

遺伝子とは，遺伝情報を持ち形質を発現したり子孫に伝えたりするもので，その本体はDNAである。細胞の核内では，DNAはヒストンというタンパク質にまきついており，染色糸を作っている。細胞分裂の際に染色糸が太く短く凝縮したものが**染色体**である（図4.7参照）。このようなX字型をした染色体が出現するのは，分裂期（中期から後期）のみであることに留意したい。

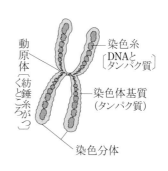

図4.7 染色体の構造

4.5.2 突然変異と染色体異常

1）遺伝子突然変異と染色体突然変異

遺伝子の本体はDNAであり，DNA損傷などにより遺伝情報が変化することを**遺伝子突然変異**という。この場合，遺伝子だけが変化しており，染色体の構造に変化は見られない。点としての遺伝子が変化するといった意味合いから**点突然変異**とも呼ばれる。単に突然変異という場合には遺伝子突然変異を指すことが多い。遺伝子の情報は塩基の並びによって規定されている。塩基が損傷によって，あるいは損傷後の修復によって元の塩基から変化した場合には，遺伝情報が変化し，個体に異常をもたらす可能性がある。塩基が元の塩基と違う場合，例えばプリン塩基がプリン塩基に変化する，すなわちアデニンがグアニンに変わる，またはその逆や，ピリミジン塩基同士で変化するような場合，これをトランジション型の変化とよぶ。一方，塩基の変化がプリン塩基とピリミジン塩基との間で起こるような変化をトランスバージョン型の変化とよぶ。

染色体突然変異では染色体の構造に変化が生じ，その変化に伴い染色体上の遺伝子に変化が生じる。染色体突然変異は遺伝子側に注目した呼び方であるが，染色体側に注目した呼び方は**染色体異常**である。染色体異常には，数の異常と構造の異常があるが，放射線では数の

異常は起こらない。

　突然変異とは遺伝情報の異常という質の変化をいい，DNA 損傷と染色体異常は DNA や染色体という物質が実際に壊れていると整理できよう。

　図 4.8 に点突然変異の例を示す。アミノ酸は，DNA 鎖の連続した 3 つの塩基（コドンという）によって指定される。図にみられるように，もとの塩基配列が CGC ならアルギニンを指

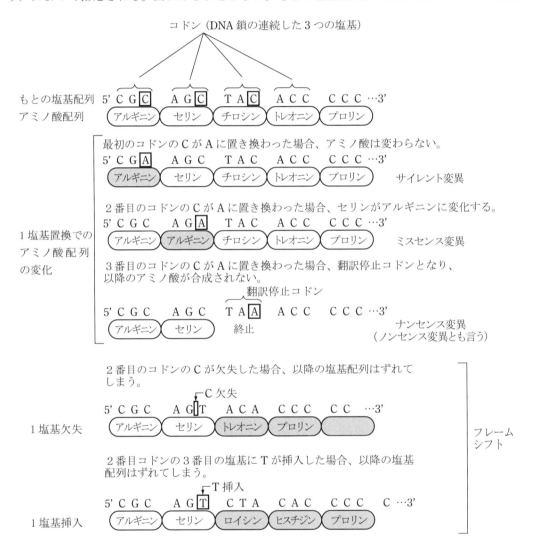

注）コドンとは，本来，アミノ酸を指定する mRNA の 3 塩基配列のことをいうが，DNA 損傷によるアミノ酸配列の変化を説明するため，mRNA 塩基のウラシル（U）を，DNA の塩基であるチミン（T）で表記している。

図 4.8　遺伝子突然変異の種類

定する。しかし，1つのアミノ酸を指定するコドンは複数有り，CGC の C が A に置き換わっても指定するアミノ酸は変わらない。このような変異をサイレント変異とよぶ。しかし，塩基の置換によりコドンが指定するアミノ酸が変化してしまうミスセンス変異や，コドンが翻訳停止コドンとなってしまい，それ以降のアミノ酸が結合されないナンセンス変異などもある。また，塩基の欠失や挿入は，それ以降の塩基配列から読み取られるコドンがずれてしまうという変化も生じる。このような変異をフレームシフトとよぶ。いずれにしろ，サイレント変異以外ではアミノ酸の変化によりタンパク質やペプチドの立体構造の変化を招き，生理機能の消失につながる。たとえば，細胞の増殖を抑制する機能を持つタンパク質（がん抑制遺伝子産物）に上記のような変異が入れば，このタンパク質は機能しなくなり，細胞は連続した増殖能を有する細胞に変化してしまうことにつながる。

　以前は，突然変異には回復はみられないと考えられていた。しかし，1958 年，Russel らはマウスを用いた特定座位法の実験から，突然変異にも回復現象があることを示している。Russel らは，マウスの外見上判別可能な優勢形質（例えば眼の色や，毛の色など）をホモで持つ雄のマウスに放射線を照射し，劣性形質を（ホモで）持つ雌のマウスと掛け合わせる実験を行った。もし，生まれてきたマウスに劣性形質が現れれば，それは放射線によって雄の生殖細胞の優勢遺伝形質が機能しなくなった遺伝形質に突然変異が生じたと解釈できる。このようにして，線量率と 1 つの遺伝子座あたりの突然変異率が調べられた。すなわち，低線量率照射では，マウスの精原細胞に対する突然変異率が高線量率照射時よりも小さいという結果が得られている。これは，突然変異にも回復現象があることを示している。さらに Russel らは，雄と雌の条件を逆にして，優勢ホモ形質を示す雌マウスに対して放射線を照射し，劣性の雄マウスと掛け合わせた。その結果，雌の突然変異率は雄の約 20 分の 1 であることを示している。このことは，卵母細胞の方が，精原細胞よりも突然変異修復能が大きく，放射線による遺伝性影響のリスクが雌よりも雄で大きいことを示している。（9.1 物理学的要因参照）

2）染色体異常の種類

　染色体異常の原因は染色体の切断であり，切断の大部分は修復されるが，切断されたままであったり，誤って再結合した場合に異常が現れたりする。図 4.9 に示すように，染色体異常の型には**欠失，逆位，環状染色体，転座，2 動原体染色体**などがある。（図が複雑になるため，理解しやすいように染色体の片側（半分）のみで示していることに注意されたい。）

（1）欠失

　染色体の一部分が切れてなくなったもの。欠失には同一腕内の 2 ヶ所に切断が起こり中央部が欠失した中間欠失と 1 ヶ所で切断が起こり末端部が欠失した末端欠失がある。

（2）逆位

　2 ヶ所で切断が起き，中央部が 180°回転して再結合したものである。このため，遺伝子の配列（順序）が異なっている。

4. 細胞レベルの影響

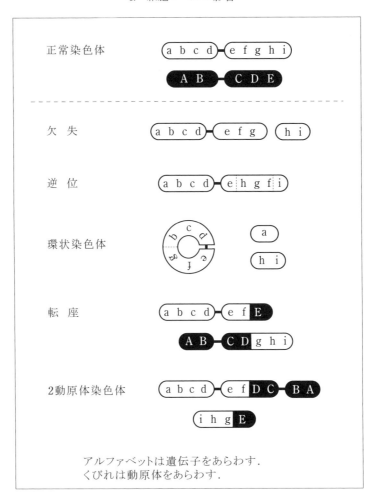

図4.9 染色体異常の分類

（3）環状染色体

　両腕で切断が生じ，動原体を含む中央部の両端が再結合しリング状になったもので，リングとも呼ばれる。

（4）転座

　2個の染色体において切断が生じ，再結合する際に互いに部分的な交換が起こったものをいう。

（5）2動原体染色体

　転座において，切断や交換の仕方によって動原体を2個持った染色体が生じる場合がある。これを2動原体染色体という。

　1つの染色体に1つのヒットの結果生じるものが末端欠失，1つの染色体に2つのヒット

の結果生じるものが中間欠失，逆位，環状染色体，2つの染色体にそれぞれ1つのヒットの結果生じるものが転座，2動原体染色体である。

環状染色体や2動原体染色体は細胞分裂に際してうまく両極に分かれることができず，異常は比較的早期に消失する。これらを不安定型の異常という。一方，欠失，逆位，転座などは細胞分裂によっても引き継がれ長期にわたって存在するため，安定型の異常といわれる。

また，染色体異常は**染色体型**と**染色分体型**に分けられる。染色体型の異常は，染色分体の同じ場所に2箇所切断があるもので，染色分体型は一方のみに切断があるものである。通常我々が目にする図4.7に示されるような染色体は，細胞分裂直前のものでDNA量が2倍になっていることに注意して欲しい。DNA合成期よりも前に染色体が切断され修復が行われなければ，切断があるままDNA合成が行われるので，切断箇所が2カ所ある染色体型の異常となる。しかし，DNA合成期よりも後に染色分体が切断された場合は合成が行われないので染色分体型の異常となる。染色分体型の異常は，放射線に特異的な現象である。また，姉妹染色分体は，DNA複製後にできる同じ遺伝情報をもつ2本の染色分体であるので，姉妹染色分体交換が起こっても遺伝情報に変化はなく，染色体異常とは言えない。

3）線量と染色体異常の関係

染色体異常の発生頻度は，線量の増加に伴って上昇し，はっきりとした線量依存性を示す。図4.10にヒトのリンパ球を試験管内で照射した場合の2動原体染色体誘発の線量効果曲線を示す。2動原体染色体は2ヒットの交換型の染色体異常であるため，その発生頻度は低LET放射線の場合，直線2次曲線モデルによく適合する。高LET放射線では直線的な線量反応

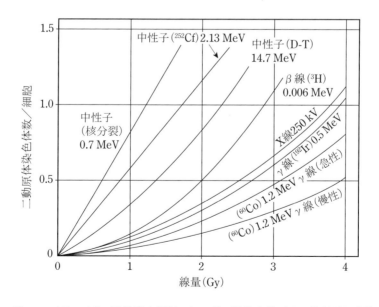

図4.10 ヒトリンパ球の試験管内照射による2動原体染色体誘発の線量効果曲線

関係を示す。

　被ばく線量が 0.05Gy を超えるあたりから，染色体異常の発生頻度の増加傾向が認められる。このことから，末梢血中のリンパ球を培養し染色体異常の頻度を観察することにより被ばく線量を推定することが可能である。このような放射線の生物影響に基づき被ばく線量を推定する方法を**バイオドシメトリ**（生物学的線量推定）と呼ぶ。染色体異常の発生は確率的な現象であり低線量域では統計的なバラツキが大きい。検出下限値は観察する細胞数との兼ね合いで決まり，標準的な観察細胞数は 1000〜1500 個程度であるが，この場合検出下限値は 0.2Gy 程度となる。観察のしやすさから 2 動原体染色体あるいは環状染色体をギムザ染色して観察する方法が従来からとられてきており，現在も事故時の被ばく線量評価の基本的手法であることに変わりはない。しかし，被ばく後の経過年数が長い場合には上述の通りこれらの異常は不安定型の異常で消失してしまっているので，安定型の異常を観察することもある。この場合の染色法として，FISH 法（蛍光 *in situ* ハイブリダイゼーション法）がある。近年では 46 本の染色体を染め分ける M-FISH 法（マルチカラーFISH 法）が確立され，染色体のどの部位に異常が起きているかの解析もできるようになってきている。

４）染色体異常の発生頻度に影響する要因

　線量率の変化によっても染色体異常の発生頻度は変化する。放射線照射により染色体に 2 個の損傷が生じても時間的なずれがある場合は，一方が修復されてしまって相互作用が起きることはなくなってしまう。したがって，転座や 2 動原体染色体などの交換型の異常の発生頻度に線量率は特に関係するといえる。

　さらに，線質によっても染色体異常の発生頻度は変化する。交換型の染色体異常が形成されるためには，相互作用を起こす 2 個の損傷が一定距離以内に存在しなければならない。一定距離内に形成される損傷の数は，線量以外に，LET の影響を大きく受ける。LET が 50〜100keV／μm までは LET の増大とともに交換型の異常の発生頻度は増大する。

演 習 問 題

1. 細胞周期について正しいのはどれか。
   1. G_0 期に DNA 合成が行われる。
   2. S 期から M 期への間が G_1 期である。
   3. M 期の細胞は放射線感受性が高い。
   4. S 期後半の細胞は放射線感受性が低い。
   5. G_0 期の細胞は抗がん剤によく反応する。
2. 細胞死の判定方法について，分裂死および間期死それぞれについて述べよ。
3. 放射線による細胞死について正しいのはどれか。
   1. アポトーシスが見られる。
   2. PLDR（潜在的致死損傷からの回復）がある。
   3. SLDR（亜致死損傷からの回復）がある。
   4. X 線照射では OER（酸素効果比）は 3 に近い。
   5. 低分化型細胞は感受性が低い。
4. 細胞生存曲線において，次の記号で示されるパラメータの名称と意味合いを説明せよ。
   1) D_0， 2) n， 3) D_q， 4) $\alpha／\beta$
5. 放射線による細胞死に関する次の記述のうち，正しいものはどれか。
   1. PLDR はプラトー期にある細胞で見られる。
   2. 対数増殖期にある細胞の方がプラトー期にある細胞よりも細胞周期依存性が大きい。
   3. 極低線量照射では，照射中にも SLDR が見られる。
   4. 照射 12 時間後に細胞培養条件を変えたところ，PLDR が見られた。
   5. 細胞周期による放射線感受性の違いは，高 LET 放射線の方が顕著である。
6. 染色体に対する放射線の作用に関する次の記述のうち，正しいものはどれか。
   1. 末端欠失の頻度は線量に比例する。
   2. 細胞が G_2 期で照射されると，染色分体型の異常が誘発される。
   3. 染色体型異常が起こるか染色分体型異常が起こるかは線量の大きさによる。
   4. 生体中のリンパ球に生じる異常は，すべて染色体型である。
   5. 2 動原体染色体は安定型の異常である。

5. 臓器・組織レベルの影響

5.1 組織の細胞動態的分類

　組織は，人体を構成する基本的単位である細胞が集まり作られている。神経細胞が集まり神経組織に，筋細胞が集まり筋組織にというように，同種の細胞の集まりが組織である。臓器は，いくつかの組織が集まり形態的，機能的単位を構成したものである。例えば心臓は，本来的機能を持った筋組織と，それをつかさどる神経組織やそれを養う血管組織など様々な組織により構成され，血液を全身に送るといった固有の機能を営む臓器である。

　後述するように細胞の放射線感受性は細胞の分裂頻度と関係が深いことから，細胞の集団である組織を細胞分裂の観点から分類することは，組織・臓器の放射線感受性を考慮する場合に役に立つ。この観点から，組織は，**①定常系，②休止細胞系，③細胞再生系，④腫瘍系**の4つに分類できる。

(1) 定常系

　この組織に属する細胞は，成長して組織が完成した後はもはや分裂を行わず，機能細胞として生涯存続する。脳細胞，筋細胞が例である。高年齢で脳細胞の消失が認められるが，分裂によって補われることはない。

(2) 休止細胞系

　この組織は，細胞周期の G_0 期で細胞分裂を休止している細胞から構成されている。肝臓，腎臓などの実質細胞が例である。肝臓は一部を切除すると細胞分裂を開始し，一定の大きさになると細胞分裂が止まる。このように一定の条件下におくと細胞分裂を開始するために，潜在的再生系と呼ばれることもある。

　胎児や小児の細胞でこの系に属するものは，成長期にあり組織が完成するに至っていないために，一定の速度で細胞分裂を行っている訳である。

(3) 細胞再生系

　この組織では，細胞分裂が盛んに行われる一方で，分化した機能細胞は寿命が尽きると細胞死を起こし，組織から脱落していく。新生される細胞の数と死滅していく細胞の数は同じために，組織の大きさは一定に保たれている。細胞再生系では，未分化で分裂能力をもった幹細胞から分化・増殖して機能細胞が供給されている。分裂した幹細胞の1つは幹細胞としてとどまり，もう1つの細胞が分化してその組織の機能をつかさどる細胞となる。造血臓器（骨髄），小腸，皮膚，精巣（睾丸），水晶体などが細胞再生系に属する。（注：卵巣が細胞再生系に属さないことは生殖腺の項を参照のこと）

(4) 腫瘍系

　この組織では，新生される細胞の数が死滅していく細胞の数を上回るために，組織の大きさは増大する。この系に属するのは腫瘍細胞である。

5.2 臓器・組織の放射線感受性

1) ベルゴニー・トリボンドーの法則

　ベルゴニー・トリボンドーの法則とは，①細胞分裂の頻度の高いものほど，②将来行う細胞分裂の数が多いものほど，および③形態・機能が未分化なものほど放射線感受性は高い，とするものである。

　1906 年，ベルゴニーとトリボンドーは，ラット精巣の様々な成熟・分化の段階にある細胞にラジウムの γ 線を照射して結論を得た。この研究は，がんの放射線治療において正常組織に大きな影響を与えることなく治療が可能であるかを検討する目的で行われた。がん細胞は上記の 3 つの性質を備えており，当時の研究目的は達成された。さらに，がん細胞に限らず，放射線感受性に関して一般的な傾向を表すものとしてベルゴニー・トリボンドーの法則は現在も受け入られている。

2) 臓器・組織の放射線感受性の区分

　臓器・組織の種類によって放射線感受性は異なる。一般に，臓器・組織の放射線感受性は，その臓器・組織を構成している細胞の放射線感受性によって決まる。成人における臓器・組織の放射線感受性を大まかに分類すると，表 5.1 の通りとなる。リンパ細胞の放射線感受性が最も高く，骨髄，生殖腺，小腸，皮膚，水晶体といった細胞再生系の臓器・組織の放射線感受性も高い。一方，骨や神経細胞はまったく細胞分裂を行っておらず，放射線感受性は最も低い。小児あるいは胎児における臓器・組織の放射線感受性は，全身において活発な細胞分裂をしているため，これにはあてはまらない（例：胎児の脳細胞：精神発達遅滞）。

表 5.1　組織の放射線感受性

感受性の程度	組　　　織
最も高い	リンパ組織（胸腺，脾臓），骨髄，生殖腺（精巣，卵巣）
高い	小腸，皮膚，毛細血管，水晶体
中程度	肝臓，唾液腺
低い	甲状腺，筋肉，結合組織
最も低い	脳，骨，神経細胞

5.3 臓器・組織の確定的影響

　臓器・組織の確定的影響を考える場合に，①臓器・組織がどのような構造をしていて放射線感受性の高い細胞がどこにあるか（臓器・組織の解剖），②放射線被ばくを受けた場合に

どのような過程を経て影響が現れるか（影響の発生機序），③どのくらいの線量で影響が現れるか（しきい線量）の3点から整理するとまとめやすい。

5.3.1 細胞再生系の臓器・組織の確定的影響

１）造血臓器

　造血臓器は，赤血球，白血球などの血液細胞（血球）を産生する臓器であり，骨髄，リンパ節がこれにあたる。胎児期には，肝臓，脾臓も造血機能を持つ。骨髄は，①造血機能を持つ**赤色骨髄**と②脂肪変性して造血機能を失った白色骨髄（黄色骨髄）に分けられる。小児期においては，ほとんどすべての骨髄が赤色骨髄であるが，年齢が増大すると白色骨髄の割合が大きくなる。表5.2に年齢群別の赤色骨髄と白色骨髄の重量を示す。また，図5.1に成人と小児の赤色骨髄の分布の様子について示す。

　赤色骨髄が0.5Gy程度被ばくすると，造血機能の低下が起こり血球の供給が止まる。このため，造血臓器の放射線障害は末梢血中の血球数の変化によって検出することができる。しかし一方では，放射線被ばくによりリンパ球は血球自体の細胞死が引き起こされるし，他の血球においても寿命が尽きたものは死んで末梢血中から除かれていく。したがって，放射線影響による末梢血液中の血球数の変化は，造血臓器の障害と末梢血球における細胞動態の2つの視点から供給と減少の関係を総合的にとらえることが重要である。

表5.2　年齢別の赤色骨髄および白色骨髄の重量（g）

年齢・性別	赤色骨髄	白色骨髄
新生児	50	0
1歳児	150	20
5歳児	340	160
10歳児	630	630
15歳（男性）	1080	1480
15歳（女性）	1000	1380
35歳（男性）	1170	2480
35歳（女性）	900	1800

表5.3　末梢血中の血球の分類

赤血球		
白血球	顆粒球	好酸球
		好中球
		好塩基球
	単球	
	リンパ球	B細胞 / T細胞 / NK細胞
血小板（栓球）		

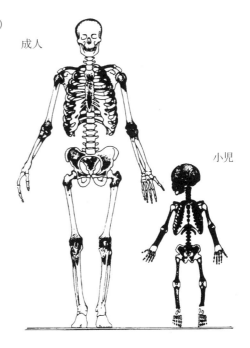

成人

小児

図5.1　赤色骨髄の分布の様子（成人と子供）

—69—

5. 臓器・組織レベルの影響

　末梢血中の血球は，表 5.3 の通りに分類される。赤血球および血小板は核を持たないが，白血球には核がある。白血球は起源や形態・機能から，顆粒球・単球・リンパ球に分類される。顆粒球（細胞質に顆粒を含む）は，酸性や塩基性の染色液によく染まるか否かおよび形態の観点から，好酸球，好中球，好塩基球に分類される。単球は顆粒を持たず，貪食作用が大きい。組織内に移行すると，さらに貪食作用の大きいマクロファージ（大食細胞）となる。リンパ球を除き，白血球の種類による放射線影響の違いに大きな差はない。

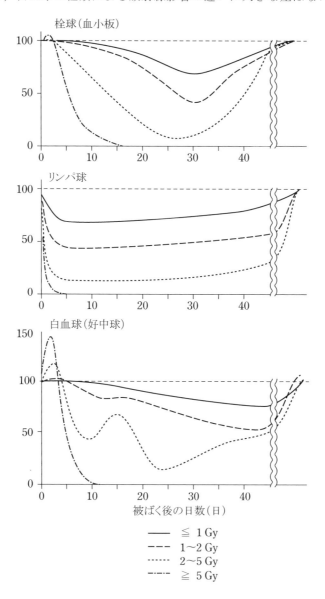

図5.2　事故被ばく後のヒト末梢血中の各血球数の経時的変化（模式図）

種々の線量を被ばくした後のヒト末梢血中の各血球数の経時的変化を模式的に図 5.2 に示す。

(1) 白血球

　ⅰ）リンパ球

　リンパ球はリンパ芽球→幼若リンパ球→リンパ球と分化するが，分化しても放射線感受性は低下せず，末梢血中の成熟リンパ球の放射線感受性までも高いことが特徴である。放射線被ばくにより末梢血中のリンパ球はアポトーシスによる細胞死を起こすため，供給の低下を待たずに被ばく直後からリンパ球は減少する。リンパ球減少のしきい線量は 0.25Gy である。リンパ球の回復は他の血球に比べて遅い。リンパ球では，胸腺由来の T 細胞（ウイルス感染細胞を殺傷）よりも骨髄由来の B 細胞（免疫グロブリンを産生）の方が放射線感受性が高い。

　ⅱ）顆粒球

　顆粒球では，骨髄芽球の放射線感受性が最も高く，分化の進行に伴って次第に低下し，成熟末梢顆粒球の放射線感受性が最も低い。顆粒球の減少はリンパ球にやや遅れて始まる。最低値を示す時期は被ばく線量にもよるが，ヒト好中球の場合，5Gy で 20 日前後である（UNSCEAR 1988）。被ばく直後に一過性の顆粒球数の増加が見られることがあるが，これは脾臓などの貯蔵プールから一過性の放出が行われるために起こると考えられており，初期白血球増加と呼ばれる。

　白血球は，免疫応答，貪食作用などの機能を持つ。したがって，白血球の減少により，免疫機能の低下が起こり細菌感染への抵抗性が減少する。

(2) 血小板

　血小板の減少は，顆粒球よりさらに遅れて認められ，回復も遅い。ヒト血小板の場合，5Gy 被ばくで 20〜25 日後に最低値を示す（UNSCEAR 1988）。血小板が減少すると出血性傾向がみられる。

(3) 赤血球

　赤血球は寿命が 120 日と長いため供給の低下の影響が現れにくく，血球数の変化は他の血球に比べてそれほど顕著ではない。

2）生殖腺

　生殖腺における確定的影響は，受胎能力の低下すなわち不妊である。

(1) 精巣

　男性の生殖腺は精巣（睾丸）であり，精原細胞→精母細胞→精細胞→精子と約 70 日かけて分化・成熟する。図 5.3 に X 線で照射されたヒトの精子数の経時的変化を示す。放射線感受性は後期精原細胞が最も高く，約 0.1Gy の急性被ばくにより細胞死が起こり，3〜9 週間後に一過性の不妊が見られる（ICRP 2007）。この 0.1Gy という線量は急性被ばくのしきい線量としてはかなり低いものであるが，分割照射や低線量率被ばくの場合でもしきい線量はそ

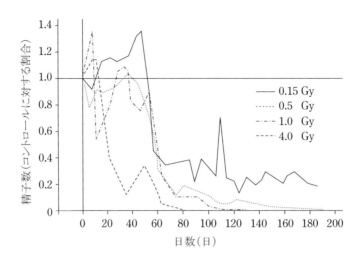

図5.3 X線で照射されたヒトの精子数の経時的変化

れほど変わらず，線量率効果がないことは注目に値する。永久不妊のしきい線量について，ICRP 2007 年勧告では 3.5〜6 Gy とする従来の表も再掲されているが，1 ％発生率の値として 6 Gy（発現時期:3 週間）と記載されている。一過性の不妊は分化の途中段階にある後期精原細胞の細胞死によるものなので回復は可能であるが，永久不妊は幹細胞である精原細胞が死滅するため回復できない。

(2) 卵巣

　女性の生殖腺は卵巣であり，卵原細胞→卵母細胞→卵（卵子）と分化・成熟する。胎児期にすでに卵母細胞（未成熟）までの分化が進んでおり，その段階で細胞分裂が停止している（したがって，幹細胞を持たないため，卵巣は細胞再生系には属さない）。思春期を迎えると卵母細胞以降の分化が再開され 4 週程度の頻度で排卵される。静止期にある卵母細胞の放射線感受性は比較的低いが，分化が再開された第 2 次卵母細胞の放射線感受性は非常に高く，アポトーシスによる細胞死を起こす。0.65〜1.5Gy で一過性の不妊が生じる。2.5〜6Gy で卵巣に蓄えられている未成熟卵母細胞が死滅し永久不妊となる。永久不妊のしきい線量は，若年層で高く年齢の増加に伴い低くなる傾向が見られる（40 歳代で 3Gy）。

3）小腸（消化管）

　小腸の粘膜には絨毛があり，その付け根には**クリプト**（腺窩）と呼ばれる分裂を盛んに行っている細胞がある。小腸絨毛の模式図を図 5.4 に示す。クリプトから分化する細胞は吸収上皮細胞であり，順次先端方向へ押し上げられていき，先端部で寿命を全うし脱落していく。

　小腸が 10Gy 以上の急性照射を受けた場合，クリプトの細胞分裂が停止し，吸収上皮細胞の供給が絶たれ，粘膜上皮の剥離，萎縮および潰瘍が発生する。

　消化管は，口腔−咽頭−食道−胃−小腸（十二指腸，空腸，回腸）−大腸（盲腸，結腸，

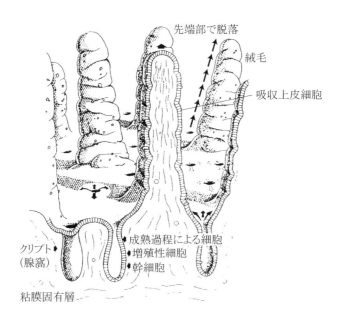

図5.4 小腸絨毛の模式図

（直腸）－肛門からなる。消化管の放射線感受性は，小腸＞大腸＞胃＞食道の順である。胃を出て小腸の始まりの指が 12 本分横に並ぶくらいの長さの部分を十二指腸といい，放射線感受性が最も高い。

４）皮膚

　皮膚は，図 5.5 に示すように，表面から深部に向かって，表皮，真皮，皮下組織の順に配列している。

　表皮の最下層は**基底細胞層**といわれ，細胞分裂を盛んに行っており放射線感受性の高い部分である。基底細胞は分裂し表皮の細胞を作る。基底層，有棘（ゆうきょく）層，顆粒層，淡明層，角質層を経て，垢となって脱落していく。基底細胞層は波打っており，浅いところで 30 μm，深いところで 100 μm，平均 70 μm の深さにある。皮膚の等価線量に対応した 70 μm 線量当量はこの深さに対応する。基底細胞の被ばくは，皮膚紅斑や落屑（ラクセツ：表皮の角質化したものがはがれ落ちた状態）の原因となる。皮脂腺も放射線被ばくによる影響を受け，分泌物が減ることにより乾性皮膚炎を生じる。

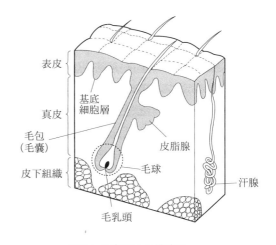

図5.5 皮膚断面の模式図

表 5.4　皮膚の放射線影響としきい線量

線量	放射線影響
3Gy 以上	脱毛
3〜6Gy	紅斑・色素沈着
7〜8Gy	水疱形成
10Gy 以上	潰瘍形成
20Gy 以上	難治性潰瘍（慢性化，皮膚がんへの移行）

表 5.5　皮膚の放射線障害（γ・X 線による）

程度	線量(Gy)	潜伏期	主な症状
第 1 度	2〜6Gy	3 週間	皮膚の乾燥，脱毛
第 2 度	6〜10Gy	2 週間	充血，腫脹，紅斑
第 3 度	10〜20Gy	1 週間	高度の紅斑，炎症，水疱から湿性皮膚炎
第 4 度	20Gy 以上	3〜5 日	進行性のびらん，潰瘍

　毛のうは真皮内にあり，細胞分裂を盛んに行い，毛の伸長のもととなっている。毛のうの放射線感受性は高く，放射線被ばくは**脱毛**の原因となる。

　表5.4に皮膚の影響としきい線量を示す。紅斑（発赤）には，3Gy くらいで見られる一過性の初期紅斑と，5Gy 以上で見られる持続性の紅斑（色素沈着）とがある。線量が低いうちは乾性皮膚炎となるが，線量が大きくなると水疱や潰瘍を生じ湿性皮膚炎となる。

　被ばく線量が増すと，潜伏期が短くなり，症状の重篤度が増す。この関係は文献による違いもあり複雑であるが，おおよそ表 5.5 のようにまとめることができる。皮膚のターンオーバー（基底細胞から表皮から脱落するまで）が 30 日程度であるので，影響は 30 日以内に生じるということもできる。

5）水晶体

　図 5.6 に水晶体の模式図を示す。水晶体上皮は水晶体前面に一層に並び，分裂をしながらゆっくりと赤道方向へ移動している。赤道付近で核を失い水晶体線維となる。上皮細胞は放射線感受性が高く，放射線被ばくにより損傷を受けると分裂能を失い，同時に細胞内の核を含む小器官の消化が妨げられるため水晶体線維が不透明のまま後極の皮膜下に集まり**水晶体混濁**の原因となる。水晶体混濁の程度が進んで視力障害が認められるような状態になったものを**白内障**という。水晶体の前方には 3mm 厚の角膜が存在する。

　水晶体への影響のしきい線量については，近年，議論が進められている。ICRP 2007 年勧告で，水晶体混濁の 1 回照射の場合のしきい線量が 0.5〜2Gy と従来より低い線量でもたらされるとされた。1 回照射の白内障 5Gy，慢性被ばくの場合の水晶体混濁 5Gy，白内障 8Gy の値に変わりはない。これを受けて ICRP Publication 118 において，眼の水晶体の等価線量限度

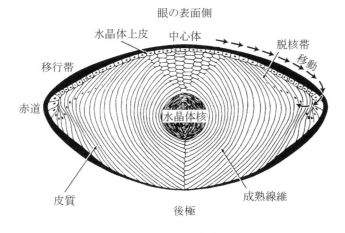

眼の表面側

水晶体上皮　中心体　脱核帯

移行帯　　　　　　　　　　　　移動

赤道

水晶体核

皮質　　　　　　　　　　成熟線維

後極

図5.6　水晶体の模式図

を実効線量限度と同じように５年間の平均で 20mSv/年，いかなる１年間も 50mSv/年とした。

5.3.2　その他の臓器・組織の確定的影響

　がんの放射線治療においてがんの部位のみを照射することは不可能であり，上述の細胞再生系以外の臓器・組織も何がしかの被ばくを受けることとなる。このため，主要な臓器・組織について放射線影響の基本的なことを知っておくことは重要である。

１）口腔粘膜

　組織の構造は皮膚とほぼ同様であり，基底細胞層における細胞分裂が行われている。皮膚と同様に細胞再生系に属し，放射線感受性は胃や腸の感受性と同程度である。3～5Gy の急性照射または２～３週あたり 20～30Gy の分割照射により，発赤，浮腫，毛細血管の拡張，疼痛の症状を伴う口内炎が発症する。さらに線量が大きくなると，味覚障害も現われる。また，５週あたり 40～50Gy の分割照射により唾液腺炎が生じ，口腔乾燥症に至る。

２）肝臓

　肝臓の放射線感受性は，肝臓全体が照射された場合と一部分を遮蔽して照射された場合で大きく異なる。肝臓全体の４分の１が遮蔽されていれば晩発性障害は防止できると考えられているが，一方で肝臓全体が照射されると放射線感受性は高くなる。３週あたり 30Gy を超える線量を肝臓全体に受けると，被ばく後２～６週で急性実質障害が発生する。線量の増大に伴い，線維化，肝硬変など重篤な影響が見られるようになる。

３）肺

　肺の障害は，放射線肺炎（間質の炎症：肺はガス交換をするため肺胞と毛細血管が絡み合った構造となっており，それを支持する組織が間質である）が被ばく後の初期に見られ，次いで肺線維症が発生する。肺胞の上皮細胞は放射線感受性が高く被ばく後に脱落し，次いで間質の線維化が起こる。肺線維症が肺全体に広がると呼吸不全により死亡する。１回照射で

は6〜8Gy，分割照射では3〜4週あたり30〜40Gyを超えると，肺線維症の発現が増加する。
（6.1急性放射線症の項も参照）

４）腎臓

腎臓についても従来考えられていた線量よりも低い線量（5〜15Gy）で損傷が生じることがわかってきた。

５）骨・軟骨

成長の終わった骨の放射線感受性は低いが，成長期にある骨・軟骨の放射線感受性は比較的高い。とくに骨端部の感受性が高い。10Gyで軟骨芽細胞の細胞死による骨の成長の遅れが見られ，20Gy以上で身長の低下や脊柱の側弯が生じる。

６）脳・心臓血管系

がんの放射線治療の副作用とは別に，1990年以降，いくつかの被ばく集団に非がん疾患の頻度が増加することが報告されてきた。このうち，脳・心臓血管系について，眼の水晶体と同様に特に注目し検討が進められている。ICRP Publication 118において，しきい線量が0.5Gyとされ，あるインターベンショナル・ラジオロジー（IVR：エックス線透視や超音波像，CTを見ながら体内にカテーテルや針を入れて病気を治す治療法）では，この線量を超える恐れがあるので配慮が必要であることを勧告している。

演 習 問 題

1. 　組織の細胞動態的分類を 4 つ示し，その中からベルゴニー・トリボンドーの法則から考えて放射線感受性が高いと考えられるものをあげよ。

2. 　ベルゴニー・トリボンドーの法則に関係あるものはどれか。
    1. 線量率
    2. 細胞の分化度
    3. 放射線のエネルギー
    4. 細胞の酸素分圧
    5. 照射時の温度

3. 　放射線感受性について正しいのはどれか。
    1. 分裂期の細胞は感受性が低い。
    2. 増殖の早い腫瘍は感受性が低い。
    3. 低酸素下では感受性が低い。
    4. 乳がんは低い。
    5. 抗がん剤の同時併用により低下する。

4. 　放射線感受性の高いものの組み合わせはどれか。
    a. 小腸吸収上皮細胞
    b. 神経細胞
    c. 骨細胞
    d. 皮膚基底細胞
    e. 末梢リンパ球
      1. a, b　　2. a, e　　3. b, c　　4. c, d　　5. d, e

5. 　放射線障害のしきい値が最も低いのはどれか。
    1. 脊柱側弯　　2. 不妊　　3. 心嚢炎　　4. 肺線維症　　5. 腎硬化症

6. 　1) リンパ球，　2) 精子，　　3) 卵　について，成熟過程を示し，その中で放射線感受性が最も高いものを示せ。

7. 　放射線皮膚障害で照射後数時間以内に出現するものはどれか。
    1. 角質化　　2. 潰瘍　　3. 色素沈着　　4. 紅斑　　5. 脱毛

6. 個体レベルの影響

　個体レベルの影響としては，確定的影響である急性放射線症と確率的影響である発がんがあげられる。このほか，寿命短縮について本章で解説する。

6.1 個体レベルの確定的影響（急性放射線症）

　全身あるいは身体（体幹部）のかなり広い範囲が，大量の放射線を短時間に被ばくした場合に生じる一連の症状を**急性放射線症**という。被ばくした線量レベルによって，主たる症状を呈する臓器・組織と潜伏期間が異なることが特徴である。

　被ばく後の時間経過によって，前駆期，潜伏期，発症期，回復期（または死亡）に分けられる。前駆期は被ばく後 48 時間以内を指し，放射線宿酔の他，発熱，初期紅斑，口腔粘膜の発赤などの症状が一過性に現れる。潜伏期は，それぞれの臓器・組織の確定的影響が生じるまでの期間であり，比較的無症状である。線量の増大に伴って潜伏期間は短くなる。発症期は，被ばく線量に応じた放射線障害が発症する時期を言う。線量が少なければ 1 ヶ月程度で回復期を迎えるが，線量が大きければ死に至る。

　線量が低い順から骨髄死，腸死，中枢神経死に分けられる。

1）骨髄死

　1Gy の被ばくを受けると，10％程度の人に悪心（吐き気），嘔吐などが現れる。同時に，食欲不振，全身倦怠感，めまいといった症状も現れることから，**放射線宿酔**と呼ばれる（宿酔とは二日酔いのことをいう）。

　まったく治療を施さない場合の死亡のしきい線量は 1Gy とされる。白血球の減少による抵抗力の低下と血小板の減少による出血性傾向の増大が死亡の原因である。骨髄幹細胞の損失による骨髄機能の喪失を原因とするため，**骨髄死**あるいは**造血死**と呼ばれる。3〜5Gy では被ばくした人の半数が死亡し，7〜10Gy では被ばくした人のほぼ全数が死亡する。

　被ばくした個体の半数が一定期間内に死亡する線量を**半致死線量**あるいは半数致死線量といい，$LD_{50(30)}$ と表す。（　）内は被ばくしてからの観察期間である。$LD_{50(30)}$ は，動物種間での放射線感受性の比較によく用いられる。種々の哺乳動物の $LD_{50(30)}$ の比較を表 6.1 に示す。ただし，ヒトの場合は骨髄死を起こす期間が動物より若干長いことから，観察期間を60 日として $LD_{50(60)}$ を用いることが多い。さらに，被ばくした個体全部が死亡する線量を**全致死線量**あるいは全数致死線量といい，観察期間に応じ $LD_{100(60)}$ あるいは $LD_{100(30)}$ と表す。

　骨髄の症状に対する治療法としては，輸血（補液），無菌管理（抗生物質の投与）に加え，

6. 個体レベルの影響

表 6.1　種々の哺乳動物の $LD_{50(30)}$

生物の種類	$LD_{50(30)}$ (Gy)
マウス	5.6〜7.0
ラット	6.8〜8.0
ハムスター	7.0〜9.0
モルモット	2.6〜3.8
ウサギ	7.4〜8.4
サル	5.2〜5.3
イヌ	3.2〜3.7
ブタ	2.0〜2.4
ヒツジ	1.6〜2.1
ヤギ	2.3〜2.4

顆粒球マクロファージ・コロニー刺激因子（GM‐CSF）といった成長因子の投与により，しきい線量を 2〜3Gy，$LD_{50(60)}$ を約 6Gy まで高めることができると考えられている。

2）腸死

　5〜15Gy の被ばく線量域では，小腸の症状が主となる。小腸クリプト細胞の細胞死により吸収上皮細胞の供給が絶たれ，その結果として粘膜剥離が起こり，脱水症状，電解質平衡の失調，腸内細菌への感染が生じ，死亡に至る。消化管，とくに小腸の障害が原因で死亡するため，**腸死**あるいは**消化管死**と呼ばれる。

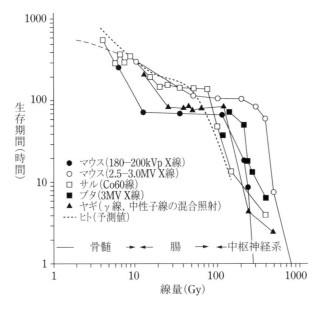

図6.1　哺乳動物の全身照射後の生存期間

平均生存期間は 10〜20 日間である。これは，吸収上皮細胞の寿命が尽きるまでの期間に対応しており，5〜15Gy の線量域内では線量によらず一定となる。マウスでは腸死の平均生存期間は 3.5 日程度であり，3.5 日効果と呼ばれることもある。図 6.1 に哺乳動物についての線量と生存期間の関係を示す。マウスでは中枢神経症状が現われる線量がヒトよりも大きいため，100Gy を超えるところまで生存日数が一定となっている。

この線量域では上述した骨髄にも影響は及んでいるが，潜伏期の関係から骨髄の影響よりも消化管の影響が強く現われることとなる。

不均一な照射により骨髄や消化管（小腸）が障害を受けない場合でも，肺が 10Gy を超える被ばくを受けると間質性肺炎により死に至る場合もある。また，同じ線量範囲で腎臓損傷も生じるとされている。

1999 年に茨城県東海村の核燃料加工施設で起こった臨界事故では 2 名の方が急性放射線症で死亡した。被ばく線量は 2 名に違いはあるが，この線量域であった。基本的には，骨髄と消化管に対する影響が主であるが，皮膚の影響もあり，死因は多臓器不全とされている。急性放射線症は全身症状としてとらえることが大切である。

3）中枢神経死

さらに 15Gy を超えて高い線量を被ばくすると，神経系の損傷が主な症状となる。この場合でも神経細胞の放射線感受性はきわめて低いため，神経細胞自体の細胞死は起こらず，血管系および細胞膜の損傷が主要な役割を果たす。全身けいれんの症状が特徴的で，ショック等により 1〜5 日後に死亡する。中枢神経の障害が原因で死亡するため，**中枢神経死**と呼ばれる。骨髄，消化管に影響は及んでいるが潜伏期の関係から症状が顕著とならないことは，腸死の場合と同じである。

表 6.2 に低 LET 放射線の急性全身被ばくの場合の死亡に関する線量と生存期間をまとめて示す。

表 6.2　急性全身均等被ばくによる死亡に関する線量と生存期間（低 LET 放射線）

全身吸収線量(Gy)	死亡に寄与する主要な影響	被ばく後の死亡時間（日）
3〜5	骨髄損傷（$LD_{50(60)}$）	30〜60
5〜15	胃腸管損傷	7〜20
5〜15	肺及び腎臓損傷	60〜150
>15	神経系の損傷	<5，線量依存性

6.2　確率的影響（発がん）

6.2.1　放射線によるがんの誘発

外部からの放射線被ばくや，放射性同位元素の摂取によってがんが誘発されることが歴史的に知られている。1910 年代には X 線技師に白血病が多発し，また，頭部白癬菌の治療で X

線を照射された患者に甲状腺がんの発生が報告されている。1920 年代になると，ダイヤルペインターとよばれる時計の文字盤工（ほとんどは女子）に骨がんの発生が報告され，その原因が，当時夜光塗料に含まれていたラジウムの口腔摂取によるものであることが明らかとなった。また，ウラン鉱山の労働者では肺がんの発生，1940 年代には，血管造影剤として使用されていた二酸化トリウム（トロトラスト）による肝臓がんの発生などが報告されている。近年では，チェルノブイリの原子力発電所事故により放出された放射性ヨウ素（^{131}I）により小児甲状腺がんの発生が知られている。放射による発がんは，その後の放射線防護体系の確立につながっている。

1）がんの定義と分類

正常な細胞では細胞分裂が正しく制御されている。つまり，細胞分裂の頻度と細胞分裂の結果生じる細胞の種類がコントロールされている。がん細胞においては，そのコントロールが損なわれてしまっているため，無限の増殖能をもちどんどんと増殖していくこととなる。細胞の分裂死の項で述べたように，正常な細胞は増殖して互いに接するようになると分裂を停止するが，がん細胞ではそのような状態になっても分裂が続けられる。

表 6.3 腫瘍の分類

	上皮性	非上皮性
良性	腺腫，乳頭腫	脂肪腫，軟骨腫，血管腫
悪性	癌腫	肉腫，白血病

病理学的観点からの腫瘍の分類を表 6.3 に示す。悪性と良性の区別は異型性の強弱による。異型性は細胞の形や配列について言うが，異型性が強い場合は発育速度が速く，浸潤性であり，転移が多く，切除したとしても再発することが多い。腫瘍は身体の様々な組織から発生し，発生部位がどの組織であるかにより命名される（例えば，胃から発生すれば胃がんと呼ばれる）。組織は発生学的な観点から上皮性と非上皮性に分類され，発生部位による観点からの大分類として上皮性，非上皮性の分類が用いられる。悪性腫瘍（固形腫瘍（例外として白血病がある））のうち，上皮性のものを癌腫，非上皮性のものを肉腫と呼ぶ。悪性腫瘍全体をがんと一般に呼ぶが，癌腫と区別するために，漢字ではなくひらがな（あるいはカタカナ）で表記するのが一般的である。

2）発がんの多段階説

放射線に限らず，発がん要因に曝露してから腫瘍が発生するまでの過程はいくつかの段階に分けて考えられている。

（1）イニシエーション

発がん要因への曝露により DNA に永続的な変化が与えられる。DNA への作用は短期間に行われ，変化が非可逆的なものとなる段階をいう。

（2）プロモーション

　イニシエーションを受けた細胞や組織がさらに刺激を受けて腫瘍が形成される。プロモーションは通常可逆的で，最初にがん細胞が生じるまでの潜伏期にあたる。

（3）プログレッション

　がん細胞が分裂を繰り返すことにより増殖し，より悪性度の高い細胞へ変化する。

3）放射線誘発がん

　すでに，分子レベルおよび細胞レベルの影響で見てきたように，放射線被ばくによりDNA損傷が生じ，突然変異あるいは染色体異常が引き起こされる。こういった遺伝情報の変化ががん化の第一歩であるが，分子・細胞レベルの障害である突然変異，染色体異常からどのような過程を経て個体レベルの影響であるがんに至るかの機構はかなり研究が進んではいるが現在までのところ完全に解明されている訳ではない。

　発がんの多段階説において，放射線はイニシエーターとしてもプロモーターとしても働くと考えられている。細胞をがん化させるがん遺伝子（オンコジーン）が多数見つけられているが，これらは正常細胞にもともと存在するがん原遺伝子（プロトオンコジーン）が突然変異したものであることが明らかになっている。多くのがん原遺伝子は細胞増殖に関与しており，遺伝情報の変化が起きた場合，細胞増殖のコントロールが効かなくなってしまう場合がある（がん遺伝子の活性化）。また，がん抑制遺伝子の存在も明らかにされており，突然変異によりがん抑制遺伝子が不活性化されてがん化に至る機構もあることが分かっている。

6.2.2　放射線誘発がんのリスク係数の算定

　放射線被ばくを受けた後，どの臓器にどのくらいの線量が当たるとどのくらいの割合でがんが発生するか，すなわち臓器別の単位線量あたりのがん発生確率の算定がUNSCEAR（原子放射線の影響に関する国連科学委員会）あるいはBEIR委員会（電離放射線の生物影響に関する委員会）などにより行われており，ICRP 2007年勧告ではそれらの結果を集約し，放射線誘発がんのリスク係数の算定が行われている。

1）リスク係数

　単位線量あたりのがん発生確率をリスク係数と呼ぶ。ICRP 1990年勧告において，放射線防護の分野以外では，リスクという用語は様々な意味に用いられており（例えば，日常的には事象の確率と性格の両方の意味を含んだ，望ましくない事象の脅威といった漠然とした意味で用いられている。また，原子炉安全の分野では，望ましくない結果の大きさの数学的期待値を表している。），用いられる分野によって意味する内容が異なることから混乱が生じるため，ICRPではリスクという用語を特別な意味を持って使用せず，確率係数という用語を使用したが，ICRP 2007年勧告で再びリスク係数に戻した。

2）疫学データ

　放射線誘発がんのリスク係数を算定するために，広島・長崎の原爆被爆者を中心とする疫

学調査データが基礎となっている。種々の環境有害要因があり，それらについて安全性評価や安全基準の検討が行われているが，実際にヒトについてのデータを中心として組み立てられているものは放射線のみであり，この点に特徴がある。

　用いられた疫学調査データは，広島・長崎の原爆被爆者についてのものが中心であり，2007年勧告ではがん死亡に関するもの（追跡期間：1950年10月〜1997年12月）によるものよりも，がん罹患に関するもの（追跡期間：1958年1月〜1998年12月）に重きが置かれ解析された。本来はがんによる死亡であっても死亡診断書に死因ががんであることが明記されないというバイアスの存在が従来より指摘されてきたが，がん罹患については正確な診断がされ，より信頼性の高い推定値を提供できると考えられる。その他に，UNSCEAR 2000年報告書及びBEIR VII委員会報告書による医療被ばくや職業被ばくといったデータもあわせて検討されている。表6.4にこれらの疫学調査の一覧を示す。原爆被爆者のデータは，調査対象人数が多く，男女両性について年齢層が幅広く，戦時下という状況にはあったが特定の疾患をもった集団ではなく，全身均等被ばくをしていると考えられるために多くの臓器についての評価が可能であるといった特徴を持つ。その他に参照した疫学データは，原爆被爆者のデータに適合するものもあれば，リスク推定値に違いがあるものもあるが，特定の臓器のがん（骨と皮膚）の発生確率を補足する追加データとして貴重である。

表6.4 疫学調査の一覧

（1）広島・長崎の原爆被爆者
（2）医療被ばく
　　強直性脊椎炎患者，子宮頸部がん患者，小児白血病患者，ホジキン病患者，
　　卵巣がん患者，結核および強直性脊椎炎患者（^{226}Raによる治療），頭部白癬
　　患者，診療X線による子宮内被ばく，産後の乳腺炎および慢性乳房疾患患者，
　　結核によるX線胸部透視患者
（3）職業被ばく
　　鉱山労働者のラドン被ばく

　原爆被爆者の疫学調査は，寿命調査（LSS：Life Span Study）と呼ばれ，対象集団は1950年の国勢調査で被爆したと答えた約28万人の中から約12万人（広島および長崎の近距離被爆者（2.5km以内）約5万人，遠距離被爆者（2.5km以遠）約4万人，および原爆投下時に両市内にいなかった人（コントロール）約3万人）が選ばれた。　寿命調査対象者のほとんどについてDS86（1986年線量推定方式）に基づき被爆線量が計算されている。この集団における被爆者の平均線量は0.16Gyであった。

３）線量反応関係

　放射線防護上関心のある線量域は数mGyから数10mGyであるのに対し，上記の疫学データはもっと高い線量域（0.1Gyないし0.2Gy以上）の被ばく集団から得られたデータで

ある。このため，高線量・高線量率のデータを低線量・低線量率に外挿して発がんのリスク係数を推定する必要がある。

　線量反応関係の型として，①直線モデル，②直線 2 次曲線モデルの 2 つが基本的なモデルとして考えられる。高線量・高線量率での線量反応関係は，ほとんどの生物系において直線 2 次曲線モデルが適合する。直線 2 次曲線モデルの低線量部分では 1 次の項が支配的となる（低線量域，つまり D が 0.01〜0.1Gy といった領域では，D≫D² となるため）。このため，低線量・低線量率では線量反応関係は直線を示すこととなる。線量反応曲線の模式図を図 6.2 に示す。

　原爆被爆生存者の疫学データでは，白血病については直線 2 次曲線モデルが，固形がんについては直線モデルがよく適合する。ICRP 2007 年勧告では，これを踏まえたリスク係数の算定が行われた。

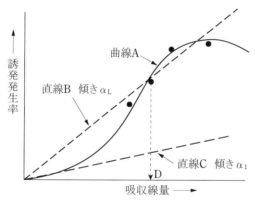

図6.2　発がんに関する線量反応関係の模式図

４）発がんの潜伏期と発現分布

　放射線被ばくしてから症状が現われるまでの期間を潜伏期という。広島・長崎の疫学調査のデータから求められた発がんの潜伏期は表 6.5 のようにまとめられる。白血病の発生頻度は，5〜7 年のピークののち低下して，20 年以降過剰はわずかとなる。

　発がんのリスク係数を算定するにあたり，被ばくしてから発がんするまでの期間の全体像

表 6.5　放射線発がんの潜伏期

	最小潜伏期	潜伏期の中央値
白 血 病	約 2 年	約 8 年
固形がん	平均 10 年	16 年〜24 年 （白血病の 2〜3 倍）

6. 個体レベルの影響

（発現分布）は，単に被ばくしてからの期間（潜伏期）によるのみならず，被ばく時年齢も重要なパラメータである。

5）絶対リスクと相対リスク

　一般に，ある有害要因がどれほどの疾病を生じさせるリスクがあるかを考える指標として，絶対リスク(AR：absolute risk)と相対リスク(RR: relative risk)がある。絶対リスクはその有害要因がどれほど疾病を増加させるか（数）を表し（例：1Sv で 10,000 人あたり 500 人増加→0.05 人/Sv の増加），相対リスクはその有害要因が自然発生の疾病を何倍に増やすか（割合）を表す（例：10,000 人あたり 3,000 人自然発生する疾病が 1Sv の被ばくで 4,500 人に増加→1.5 倍に増加）。また，相対リスクでは有害要因による増加分を表すために，自然発生分の 1 を引いた過剰相対リスク（ERR：excess relative risk）が用いられる（上述の例では ERR は 0.5 となる）。同様に，過剰絶対リスク（EAR：excess absolute risk）という概念も考えられるが（ICRP 2007 年勧告では EAR と記述している），実質的には絶対リスクと同じである。

6）リスク予測モデル

　広島・長崎の疫学調査は現在も継続されているが，4）で述べたように発がんの潜伏期は数 10 年に及ぶ。事実，LSS 集団のうち 1990 年で約 60%，1995 年で約 50%の方がご存命である。単位線量あたりがんの発生率がどれだけ増加するかを求めるためには，対象集団全体の過剰がん発生数を求める必要があり，現在ご存命の方がどのくらいがんでなくなり，そのうち原爆被ばくによる過剰分がどのくらいであるかの将来予測をし，評価に含める必要がある。

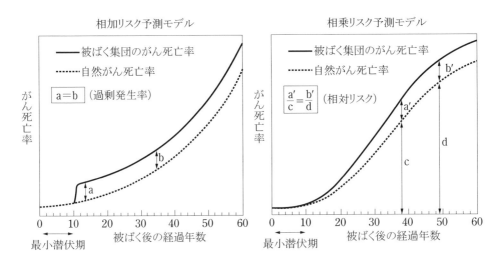

図6.3　相加リスク予測モデルと相乗リスク予測モデルにおける
がん発生率の年齢による変化

将来の過剰発生数を予測するためのモデルとして，①**相加リスク予測モデル**，②**相乗リスク予測モデル**がある。相加リスク予測モデルは，がんの過剰発生数は自然発生率とは無関係で，単位線量あたりの増加分は年齢に関係なく一定であるとするモデルである。相乗リスク予測モデルは，がんの過剰発生数は自然発生率に比例するとし，年齢とともに増加すると考えるモデルである。図 6.3 に相加リスク予測モデルと相乗リスク予測モデルにおけるがん発生率の年齢による変化（概念図）を示す。

7）リスク係数の算定

放射線誘発がんのリスク係数の算定は，おおよそ以下の手順による。12 の臓器・組織に対して，男性と女性について，それぞれ生涯のがん過剰リスクを過剰絶対リスク（EAR）と過剰相対リスク（ERR）の両方について算定し，両性で平均した。12 の臓器・組織とは，食道，胃，結腸，肝，肺，骨，皮膚，乳房，卵巣，膀胱，甲状腺，赤色骨髄である。これに加え，残りの臓器（副腎，胸郭外部位，胆嚢，心臓，腎臓，リンパ節，筋肉，口腔粘膜，膵臓，前立腺，小腸，脾臓，胸腺，子宮/子宮頸部の 14 個）と生殖腺（遺伝性影響のため）が同様に考慮された。

生涯リスク推定値は，**線量・線量率効果係数**（DDREF : Dose and Dose Rate Effectiveness Factor）を適用し，2 倍引き下げられた。線量・線量率効果係数は，高線量・高線量率のデータをしきい値なしの直線に適合させた場合の傾きと，低線量・低線量率のデータをしきい値なしの直線に適合させた場合の傾きの比として定義される。これを図 6.2 に基づいて説明する。直線 B は高線量・高線量率の 4 点のプロットから得られた直線モデルで，傾きは α_L である。曲線 A は同様に高線量・高線量率の 4 点のプロットから得られた直線 2 次曲線モデルで，低線量・低線量率部分の傾き（α_1）の漸近線が直線 C である。このとき，DDREF $= \alpha_L / \alpha_1$ である。さらに，曲線 A と直線 B が交わる線量を D とすれば，$\alpha_L D = \alpha_1 D + \beta D^2$ であるから，DDREF $= 1 + (\beta / \alpha_1)D$ とも表せることが分かる。DDREF の値（つまり 2）については様々な議論があり，例えば BEIRⅦ委員会では 1.1〜2.3 の範囲にあり，リスク推定の目的のために 1.5 とした。ICRP 2007 年勧告では，様々な報告書での不確実性解析の結果（平均値がほとんど 2 に近い）や動物実験結果などと矛盾しないことから，引き続き 2 を使用したとしている。なお，白血病については，線量反応曲線に直線 2 次曲線モデルを使用したので，高線量から低線量域への外挿は考慮されているため，DDREF は適用されていない。

前述の通り，ERR による算定では自然発生率が関係する。このため，6 つの集団（アジア：上海，大阪，広島・長崎，欧米：スウェーデン，英国，米国）にわたって平均されたベースラインが求められた。さらに，ベースラインが異なる集団間で EAR と ERR の加重を定めた。具体的には，乳房と骨髄は ERR:EAR $= 0:100$，甲状腺と皮膚は ERR:EAR $= 0:100$，肺は ERR:EAR $= 30:70$，その他は ERR:EAR $= 50:50$ である。

罹患率データをもとにしているため，個々のがんの致死割合を考慮して求められた名目リ

表 6.6 性で平均化した名目致死リスク（1Sv 当たり 1 万人当たりの発生数）

組織	全集団	就労年齢集団（18〜64 歳）
食道	15.1	16
胃	77.0	58
結腸	49.4	38
肝臓	30.2	21
肺	112.9	126
骨	5.1	3
皮膚	4.0	3
乳房	61.9	27
卵巣	8.8	6
膀胱	23.5	23
甲状腺	9.8	3
骨髄	37.7	20
その他の固形がん	110.2	67
生殖腺（遺伝性）	19.3	12
合計	565	423

表 6.7 がんと遺伝性影響の名目リスク係数（$\times 10^{-2} \mathrm{Sv}^{-1}$）

被ばく集団	がん	遺伝性影響	合計
全集団	5.5	0.2	5.7
成 人	4.1	0.1	4.2

スクを表 6.6 に示す。これをもとに定めた，がんと遺伝性影響に対する名目リスク係数を表 6.7 に示す。なお名目リスクとは，致死性発がんでもがんの種類によって平均余命短縮の期間が異なることを考慮して一般化したリスクという意味合いである。発がんの名目リスク係数は，ICRP 1990 年勧告と比較してわずかな値の違いはあるが，放射線防護の目的において，引き続き 1Sv あたり約 5% を用いることは妥当であるとしている。

6.3 寿命短縮

　放射線被ばくによる寿命の短縮は，2 つに分けて考えられる。1 つは，被ばく集団にがん発生が増加し全体として寿命が短くなるといった，放射線による特定の疾患に基づく特異的寿命短縮である。もう 1 つは，特定の疾患には基づかない，放射線が老化現象を促進する非特異的寿命短縮であり，非特異的老化，放射線加齢と呼ばれることもある。

　放射線照射後，早期効果に耐えて生き延びた動物には，毛の灰色化，白内障の出現，生殖能の喪失といった老化の典型的症状が見られることは多数報告されている。また，非照射のコントロール群に比べて，早期に死亡しやすくなり，老年に特有な疾病が早い時期に移行して発生することも報告されている。マウスに対して X 線，γ 線照射した場合の寿命短縮の線量効果曲線は，しきい値を持たない直線モデルあるいは直線 2 次曲線モデルによく適合し，

直線モデルを採用すると平均寿命短縮率は 1Gy あたり 5%程度と算定される。速中性子についての効果は X 線，γ 線に比べて 3〜10 倍程度大きく，低線量・低線量率照射の方がその効果は大きいとされている。

　ヒトについては，これまでのところ非特異的寿命短縮があることは確認されていない。広島・長崎の原爆被爆者データにおいて，1Gy 以上の被爆群と 1Gy 以下の被爆群についてがん以外の死亡を比較しても両者に差は見られなかった。ヒトについて，発がんなどの特異的な放射線影響により被ばく集団に寿命短縮は見られるが，非特異的放射線加齢は見られないというのが現在のところの結論である。

6. 個体レベルの影響

演 習 問 題

1. LD$_{50}$ について説明せよ。

2. 全身放射線被ばくによる腸死について誤っているものはどれか。

　1. 分裂するクリプト細胞の細胞死が原因である。

　2. 2週間以内に死亡することが多い。

　3. 10〜50Gy で起こる。

　4. 骨髄細胞の障害は軽度である。

　5. 前駆症状を伴う。

3. 10Gy の全身照射後，1日以内に出現しないものの組み合わせはどれか。

　a. 白血球減少

　b. 全身倦怠感

　c. 頭痛・発熱

　d. 吐き気・嘔吐

　e. 赤血球減少

　　1. a，b　　2. a，e　　3. b，c　　4. c，d　　5. d，e

4. 放射線誘発がんのリスク係数の算定方法の流れ（手順）を説明せよ。

5. 放射線誘発がんを発生しやすい臓器はどれか。

　1. 舌　　2. 肺　　3. 骨髄　　4. 胃　　5. 骨

6. 放射線誘発がんに関する次の記述のうち，正しいものはどれか。

　1. 放射線誘発甲状腺がんによる死亡率は，放射線誘発肺がんと比べて低い。

　2. 急性放射線皮膚障害（確定的影響）から後に皮膚がん（確率的影響）が発生することはない。

　3. 放射線誘発白血病は，自然発生の白血病と区別できる。

　4. 放射線肺炎から肺線維症に進んだ例では，肺がんになることはない。

　5. 胃に放射線誘発がんが生じることはない。

7. 遺伝性影響

遺伝子の本体は DNA であり，分子レベルの影響としての DNA 損傷と細胞レベルの影響としての染色体異常については3章および4章ですでに述べた。ここでは，個体レベルの確率的影響である遺伝性影響について述べる。

7.1 確率的影響としての遺伝性影響

遺伝性影響は，放射線被ばくした生殖細胞に遺伝子突然変異や染色体異常が引き起こされ，それが子孫に引き継がれることにより発生する。確率的影響としての遺伝性影響は放射線影響が世代を経て個体レベルで実際に現れることを指しており，放射線被ばくを受けた本人が遺伝子突然変異や染色体異常を有する場合や，それらの異常が子孫に引き継がれていても遺伝性障害として発現していない場合には遺伝性影響と呼ばれないことに注意が必要である。

遺伝性影響は，3つのグループに分類することができる。

① メンデル性障害：単一遺伝子の突然変異によるもので，メンデルの法則に従う。常染色体優性，常染色体劣性および X 染色体連鎖性の障害を含む。

② 染色体性障害：染色体の構造的異常あるいは数的異常による。

③ 多因子性障害：複数の遺伝学的要因と環境要因の共同作用から生じる。

原爆被爆者の疫学調査などのヒトに関するデータでは，放射線被ばくによる遺伝性影響の統計的に有意な増加は認められていない。しかしながら，ムラサキツユクサ，ショウジョウバエあるいはマウスなどを用いた実験結果から放射線被ばくにより遺伝性影響が生じることが確かめられているため，遺伝性影響は発がんとともに確率的影響に区分され，放射線防護の対象となっている。

7.2 遺伝性影響の発生率の推定

7.2.1 遺伝性影響のリスク推定法

遺伝性影響の発生率の推定法には，①**直接法**と②**倍加線量法（間接法）**の2つがある。

（1）直接法

突然変異率から遺伝性影響の発生率を直接推定する方法で，単位線量あたりの突然変異率を動物実験により求め，線量率効果，動物種差，観察した1形質から全優性遺伝への換算，表現型の重篤度といった要因により補正・外挿し，遺伝性影響の発生率を算定する。

（2）倍加線量法（間接法）

自然発生の突然変異率を2倍にするために必要な線量を**倍加線量**というが，ヒトの遺伝的

7. 遺伝的影響

疾患の自然発生率と動物実験による倍加線量を比較して推定する。前述の通り，ヒトでの遺伝性影響のデータは存在しないので，これまで遺伝性リスクについて行われてきた評価は，実質的に倍加線量法によるものである。

7.2.2 ICRP 2007年勧告における遺伝性リスクの推定

ICRP 2007年勧告では，遺伝性影響の発生率を推定するために，倍加線量法を採用した。単位線量当たりのリスクは式(7.1)で求められる。

$$単位線量当たりのリスク = P \times [1/DD] \times MC \times PRCF \qquad (7.1)$$

ここで，P：ヒト集団における遺伝的疾患のベースライン頻度

DD：倍加線量（Gy）

MC：突然変異成分

$PRCF$：潜在的回収能補正係数

(1) 遺伝的疾患のベースライン頻度

表7.1に，ヒトの集団における遺伝的疾患のベースライン頻度（すなわち，P）を示す。ここで，遺伝的と表記されているのは，ベースライン頻度はその疾患を持つ個人の遺伝的（genetic）な変化を表しているためである。表7.1から明らかなとおり，多因子性疾患の発生頻度が大きく，このリスクを含めた評価を行っている。

表7.1 ヒトの集団における遺伝的疾患のベースライン頻度

疾患のクラス	ベースライン頻度（生児出生に対する%）	
	UNSCEAR 1993	UNSCEAR 2001
メンデル性		
常染色体優性	0.95	1.50
X染色体連鎖	0.05	0.15
常染色体劣性	0.25	0.75
染色体性	0.40	0.40
多因子性		
慢性疾患	65.0	65.0
先天異常	6.0	6.0

(2) 倍加線量

倍加線量は，従来マウスの動物実験データから求められていた。放射線による変異誘発率についてはマウスデータを用いざるを得ないが，今回，自然発生率についてはヒトのデータが使用された。これは，ヒトでは自然発生率が女性の方が高いという性差があることや父親の年齢が高いと突然変異率が高くなることといったマウスとの違いがあり，ヒトの寿命がマウスよりも長いという事実からマウスからの外挿ではヒトのベースラインを信頼性高く評価できないという考えに基づくものである。新しく評価された倍加線量の値は，0.82±0.29Gyであった。これは，従来までの評価値である1Gyと大きく異ならないため，引き続き倍加線

量の値として 1Gy を使用することとした。

　また，倍加線量の逆数（$1/DD$）は，単位線量当たりの突然変異の過剰相対リスクを表すことに注意したい。相対リスクは，有害要因により疾患が自然発生の何倍になるかを示すもので，過剰相対リスクは自然発生分の 1 を引いたものであった。仮に倍加線量を 2(Gy)とすれば，逆数は 0.5(1/Gy)である。2Gy で自然発生の 2 倍の影響が発生し，1Gy では自然発生の 1/2 の影響が増加するので，過剰相対リスクは 0.5(1/Gy)となる。さらに，倍加線量の値が大きいということは，自然発生という一定の量の影響を生み出すために大きな線量を必要とすることを表しているので，感受性が低いことを意味している。

(3)　突然変異成分

　突然変異成分は，突然変異率が変化した際にどの程度疾患の有病率が変化するかを表す係数である。常染色体の異常によるものは比較的よく連動するが，多因子性疾患の場合は突然変異がそのまま疾患の誘発に結びつかないので算定過程はより複雑である。

(4)　潜在的回収能補正係数

　親が生殖腺に被ばくすると突然変異を持った生殖細胞が生じ，その生殖細胞によって受精した場合，障害が大きければ胎児は生存できず産まれてこない。これは，遺伝的リスクの過小評価につながるので，これを補正するために導入されたのが，潜在的回収能補正係数（PRCF：potential recoverability correction factor）である。

(5)　遺伝性リスクの推定値

　上記に説明したパラメータから算出された，倍加線量を 1Gy とした際のベースラインに占める遺伝性リスクの推定値は，第 1 世代に対して 0.41〜0.64%/Gy，第 2 世代に対して 0.53〜0.91%/Gy とされている。この値は，表 6.7 に示した遺伝性影響の名目リスク係数よりも若干大きめの値となっている。ベースラインの発生率が 73.8% であるので，リスク係数として表せば，上記の値は 3/4 程度に小さくなる。また，遺伝的疾患の致死割合を従来は 100% としていたが，2007年勧告では 80% としている。その他に，これまでは第 2 世代以降の評価も加えていたが，2007年勧告では第 2 世代までの遺伝的リスクを考えている。

　遺伝性影響の名目リスク係数は従来より 1/6〜1/8 とかなり小さく評価された。確率的影響全体に遺伝性影響が占める重み付けは，2 章で解説された組織加重係数で表される。生殖腺の重み付けは従来の 0.20 から 0.08 と 2/5 の変更であり，遺伝性影響の重要度を実際に算定された重み付けよりも，大きく残したことに留意しておきたい。

7.3　遺伝有意線量

遺伝性影響は被ばくした本人の影響ではなく子孫に影響が伝えられるものであるから，放射線被ばく後に子供を産む可能性のある人のみの放射線被ばくが問題となる。逆に言えば，もはや子供を産まない人がいくら生殖腺に被ばくしようとも遺伝性影響には何の影響も及ぼ

7. 遺伝的影響

さないのである。また，子供を産む可能性のある人が被ばくしたとしても，被ばく部位が生殖腺以外であれば遺伝性影響が問題とならないことも当然である。生殖腺の放射線被ばくが遺伝性影響にどれほど関係するかを評価するために**遺伝線量**という概念が用いられ，個人に適用する遺伝線量は生殖腺が受けた線量の大きさと被ばく後に産む子供の数（子期待数という）の積として式 (7.2) のように求められる。

$$\text{遺伝線量} = \text{生殖腺線量} \times \text{子期待数} \tag{7.2}$$

これを集団に適用して，**年間遺伝有意線量**（genetically significant dose：GSD (D_g)）が次のように定義されている。

$$D_g = \frac{\sum_j \sum_k (N_{jk}(F) W_{jk}(F) d_{jk}(F) + N_{jk}(M) W_{jk}(M) d_{jk}(M))}{\sum (N_k(F) W_k(F) + N_k(M) W_k(M))} \tag{7.3}$$

j：被ばく内容による区分

k：年齢による区分

F：女性

M：男性

N_{jk}：被ばく内容により分けられたグループ j の年齢 k の階層の人数

N_k：年齢 k の階層の全人数

W_{jk}：グループ j で年齢 k の人の子期待数

W_k：年齢 k の人の子期待数

d_{jk}：グループ j で年齢 k の 1 人が 1 年間に蓄積した生殖腺線量

集団の遺伝有意線量（国民線量）は，ヒトは平均して 30 歳までに子供を持つことから，$30 \times D_g$ となる。遺伝有意線量はその集団を平均して 1 人あたりどの程度の遺伝的負荷があるかを示す指標である。

遺伝性影響の重要性は，発がんと比較して相対的に低下してきている。

演 習 問 題

1. 遺伝性影響の発生率の2つの推定法について説明せよ。
2. 放射線の遺伝性影響で正しいのはどれか。
   a. 生殖腺以外の被ばくでは遺伝性影響は発生しない。
   b. 突然変異発生率は被ばく線量に比例する。
   c. 倍加線量は100mSvである。
   d. 細胞膜を構成する脂質の変化が主な原因である。
   e. 発生する突然変異はすべて劣性である。
      1. a, b　　2. a, e　　3. b, c　　4. c, d　　5. d, e
3. 放射線の遺伝性影響に関する次の記述のうち，正しいものはどれか。
   1. 遺伝性影響の発現は，次代・次々代に限定して考慮すればよい。
   2. 遺伝性影響の発生率は，1Svあたり0.01程度である。
   3. 間接作用は，染色体異常に関与しない。
   4. 遺伝有意線量は，生殖腺と他の身体部位の被ばく線量を合算して算出する。
   5. 60歳の女性の骨盤部の被ばくも大線量の場合は遺伝的影響を考慮する必要がある。
4. PRCFについて説明せよ。

8. 胎児影響

　母体が妊娠中に放射線被ばくを受けると，胎児も被ばくする可能性がある。胎児の被ばくは，胎児被ばくあるいは胎内被ばくと呼ばれる。

8.1 胎児影響の特徴

1）放射線感受性の高さ

　胎児は母体内において急速な成長・発達を絶えず続けており，発達段階の初期の細胞は未分化である。ベルゴニー・トリボンドーの法則から考えて，胎児の放射線感受性はきわめて高いことが分かる。細胞死に対する感受性，発がんに対する感受性のいずれも成人に比べて高いとされている。

2）時期特異性

　受精してから出生するまでの期間を胎生期といい，①着床前期，②器官形成期，③胎児期の3つの発達段階に区分される。放射線被ばくをどの発達段階に受けたかにより，胎児に現れる放射線影響の種類が異なる。これを胎児影響の**時期特異性**という。図8.1にラッセルによるマウスを用いた胎児影響の実験結果を示す。

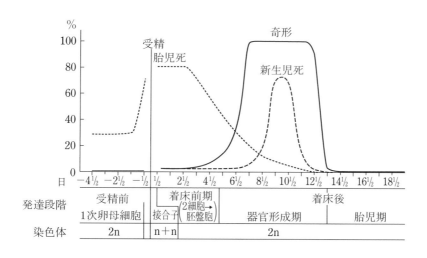

図8.1　被ばく時期と胎児影響（ラッセルによるマウスの実験）

8.2 胎生期ごとの胎児影響

(1) 着床前期

卵管で受精した受精卵が子宮壁に着床するまでの時期で,受精後 8 日目までの期間である。この時期に受精卵が放射線被ばくを受けた場合の影響は,受精卵の死亡（流産）である。しきい線量は 0.1Gy である。被ばくを受けても死亡に至らなかったものは,成長を正常に続け影響は何も残らないとされている。

(2) 器官形成期

器官形成期は細胞の分化が進み,器官・組織の基となる細胞が作られる時期で,着床後から受精 8 週までの時期である。この時期は胚あるいは胎芽（embryo）と呼ばれる。

奇形の発生が器官形成期に特徴的に見られる。奇形発生は細胞死に起因する。臓器・組織の基となるものを原基というが,原基ができたばかりの段階では構成する細胞数はかなり少なく,放射線被ばくによりこのうちの相当数の細胞が細胞死することにより発生する。原基が形成される時期は臓器ごとに器官形成期の中で少しずつ異なり,どの時期に放射線被ばくしたかにより奇形が現れる臓器は異なるものと考えられる。動物実験においては,骨格系の奇形(指趾短小,脊椎破裂,口蓋裂など),内臓系の奇形(腎臓欠損,臓器転移など),眼の奇形(水晶体欠損など),神経系の奇形(無脳症,小頭症など)が見られる。ヒトについて放射線被ばくによる奇形発生が確認されているのは現在のところ小頭症(頭の周長が平均値より平均値の標準偏差の 3 倍以上短いものをいう)のみである。しきい線量は,マウスを用いた実験では 0.25 Gy であり,ヒトでは 0.1 Gy 程度と考えられている。

また,図 8.1 に示すように,新生児死亡（胎内では成長を続けて出産に至るものの,奇形により出生時に死亡する）もこの時期の影響として整理される。

(3) 胎児期

器官形成期を過ぎ胎児期に入ると,胎児はヒトの形を呈し,盛んな細胞分裂により細胞数を増やし成長を続ける。受精 9 週から出生までが胎児期にあたる。この時期では胎児（fetus）と呼ばれる。図 8.1 に見られるように,この時期に入ると奇形の発生や死亡はほとんど見られなくなる。

母親の胎内で原爆被爆した子供（約 1600 人）の調査において 30 人の重度**精神発達遅滞**（知恵遅れ）が報告されている。妊娠 8 週～25 週は大脳皮質が構築される時期にあたり,この被ばくにより精神発達遅滞が引き起こされる。なお,7 週以前あるいは 25 週以降の被ばくでは見られなかった。妊娠 8～15 週で感受性が高いが,しきい線量は最低でも 0.3 Gy と見積もられている（ICRP 2007年勧告）。さらに,知能指数（IQ）の低下は 1 Gy あたり約 25 とされている。精神発達遅滞はしきい線量をもつ確定的影響とされている。しかし,しきい線量を持たない,線量によって発生頻度が変化する線量反応関係であるとの解析もある。

その場合であっても数 10 mGy の被ばくによる IQ への影響は実際的な意味はないと考えられている。

また，胎児期全体を通して発育遅延（奇形を伴わない成長阻害，体重の減少など）も細胞死に起因する影響としてあげられる。しきい線量は 0.5〜1.0 Gy とされている。

(4) 胎生期を通じて見られる影響

上記はすべて確定的影響であるが，胎生期のいずれの時期の被ばくによっても，確率的影響が発生する可能性がある。すなわち，放射線被ばくにより胎児の体細胞が突然変異を起こせば発がんのリスクが生じるし，胎児の生殖腺が被ばくすれば遺伝性影響の可能性が生じるということである。

妊娠中の母親の X 線診断，広島・長崎の原爆被爆者など，胎児が母体において被ばくした例についての疫学調査では，出生後 10 年までに小児白血病やその他の小児がんになりやすいことが報告されている。発がんのリスク係数の評価結果はさまざまに評価されているが，ICRP 2007年勧告においても出生前の被ばく後の生涯がんリスクは 2〜3 倍高いという，これまでの考え方を引き続き述べている。成人（一般公衆）に対する発がんのリスク係数は 5×10^{-2}／Sv であるから，胎児に対する発がんの確率係数は $1〜1.5 \times 10^{-1}$／Sv となる。

表 8.1 に，胎内被ばくによる胎児の放射線影響をまとめる。

表 8.1 胎内被ばくによる胎児影響

胎生期の区分	発生する影響	期間	リスク係数(Sv^{-1})	しきい線量(Gy)
着床前期	胚死亡	受精 8 日まで	−	0.1
器官形成期	奇形	受精 9 日〜8 週	−	0.1
胎児期	精神発達遅滞	受精 8 週〜15 週	−	0.3
	発育遅延	受精 8 週〜40 週	−	0.5〜1.0
全期間	発がん	−	$1〜1.5 \times 10^{-1}$	−
	遺伝性影響	−	−	−

8.3 10 日規則

多くの場合，妊娠初期には女性本人も妊娠していることに気づいていない。この時期に下腹部を含む X 線検査を受けると胎児あるいは胚が放射線被ばくすることとなる。胎児の放射線防護の観点から，妊娠可能年齢にある女性の下腹部を含む放射線診断で緊急に行う必要のないものは，妊娠していないことが確実な時期である月経開始後 10 日以内に行うべきであるとする **10 日規則**（10 日ルール）が ICRP により勧告された（1965年）。

その後 ICRP は 1990年勧告において，上述のように胎児影響は受精後 3 週以内には生じないので，10 日規則をいくぶん緩め，妊娠しているか否かの情報を女性本人から得ること

とし，「妊娠していると推定される女性の腹部に被ばくをもたらす診断行為と治療行為は，有力な臨床的適応がない限り避けるべきである」としている。

演 習 問 題

1. 胎児の放射線影響の特徴を 2 点あげよ。

2. 影響の時期特異性につき，発生段階を 3 つに分け，それぞれの時期に特有な影響を示せ。

3. 10 日規則について，以下に示す語句を用いて説明せよ。

　　妊娠可能，　　腹部，　　X 線検査，　　月経

4. 胎児の放射線被ばくと関係ないものはどれか。

　　1. 奇形　　　2. 脳腫瘍　　　3. 巨大児　　　4. 精神発達遅滞　　　5. 染色体突然変異

5. 25 週齢において 0.5Gy の被ばくをした胎児に見られる可能性が最も高い影響はどれか。

　　1. 死亡　　　2. 精神発達遅滞　　　3. 心臓奇形　　　4. 腸管奇形　　　5. 口蓋裂

6. 胎児期の被ばくによる次の影響のうち，確率的影響はどれか。

　　1. 知能低下　　　2. 腸管奇形　　　3. 白血病　　　4. 低身長　　　5. 甲状腺機能低下症

9. 放射線影響の修飾要因

　放射線被ばくによる影響は，たとえ放射線によって与えられたエネルギーが同じであっても，照射条件や照射後に置かれた環境によって異なる。修飾要因として，物理的要因，化学的要因および生物学的要因の様々なものが考えられる。本章では，放射線影響の修飾要因を整理するという観点から項目を列挙した。他の章で詳細に解説した項目については，項目だしと簡単な説明に留めた。

　1）物理的要因：線量，線量率，線質，照射部位，温度，など
　2）化学的要因：酸素，防護剤，増感剤，など
　3）生物学的要因：種・系統，性・年齢（分化の程度），感受性（細胞周期など），など

9.1 物理学的要因

1）線量

　線量の大きさは放射線影響を決定する最も基本的な要因である。以下に示される他の要因は，線量が同じであっても効果が異なる，同じ効果を得るのにどのくらい線量が少なくて済むかといった視点のもので，線量の大きさが持つ性格とは大きく異なる。

　線量が大きくなれば，通常，効果・影響は大きくなる。確定的影響については影響があるなしの境目であるしきい線量があり，しきい線量を超えたところでは線量の増大とともに影響の重篤度が増す。確率的影響ではしきい線量はなく，線量の増大とともに影響の発生確率が増す。

2）線量率

　同じ線量が照射された場合，線量率が小さい方が一般に影響は小さい。これを**線量率効果**という。線量率を下げ連続的に照射する場合を，低線量率照射あるいは遷延照射という。短時間に高線量率で間隔をおいて何回かにわたり繰り返し照射する方法を分割照射という。分割照射においても影響は小さくなる。

　細胞レベルの影響（細胞死）では，SLD 回復が期待されるため，低線量率照射の方が細胞の生存率は高い。SLD 回復が小さい高 LET 放射線では線量率効果は小さい（4.4 参照）。

　突然変異についても，線量率が低くなると突然変異率は低下する。マウスの精原細胞では急照射の 1／3〜1／4 に低下し（図 9.1），マウスの卵母細胞では約 1／20 に減少するという実験データがある。

　発がんについては，そのリスク係数の算定において線量・線量率効果係数（DDREF）として 2 が用いられている。（6.2.1 参照）

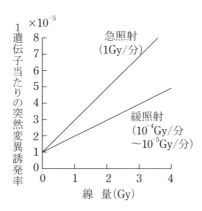

図9.1 マウス精原細胞における突然変異の線量率効果

3）線質

　放射線の種類により，同じ吸収線量でも影響の程度は異なる。放射線の線質を表す指標は LET（線エネルギー付与）であり，LET は放射線の飛跡に沿った単位長さあたりのエネルギー損失を表す。単位は keV／μm で表される。γ 線（X 線），β 線は低 LET 放射線であり，中性子線，α 線，重粒子線は高 LET 放射線である。細胞の生存率曲線は，低 LET 放射線のものは肩が大きくなり，高 LET 放射線のものでは肩がない（4.3.1 参照）。

　放射線の線質の違い，すなわち LET の違いによる影響の違いを表す指標として，**生物効果比**（RBE:Relative Biological Effectiveness）が用いられる。生物学的効果比とも呼ばれる。RBE は式（9.1）で定義され，基準放射線としては X 線やγ 線が用いられる。したがって，X 線やγ 線の RBE は 1 となる。

$$\text{RBE} = \frac{\text{ある効果を得るのに必要な基準放射線の吸収線量}}{\text{同じ効果を得るのに必要な試験放射線の吸収線量}} \qquad (9.1)$$

　一般に高 LET 放射線の方が RBE は大きいが，図 9.2 に示す通り LET が 100keV／μm を超えるあたりから RBE はかえって減少する。これは overkill と呼ばれるが，電離密度が高すぎて細胞を殺すのに必要なエネルギー以上のエネルギーが与えられ，一部分が無駄になるためである。

　等価線量の算定に用いる放射線加重係数も放射線の線質を考慮したものである。低線量の確率的影響の評価にのみ用いられることに注意が必要である（2.2 参照）。

4）照射部位

　被ばくを受けた部位に応じた放射線影響が発生する。例えば，生殖腺に被ばくを受けない限り，遺伝性影響は発生しない。また，同じ 5Gy の被ばくといっても，指先のみが被ばくした場合と全身が被ばくした場合では，現われる影響がまったく異なることは自明である（1.3 参照）。

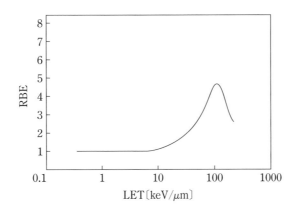

図9.2 放射線のLETとRBEの関係

5）温度

　温度が低下した状態では放射線効果は減少し，温度効果が見られる。ラジカルの拡散が低温により妨げられるためと考えられている。試料が凍結していれば，さらにラジカルの拡散は妨げられ放射線効果は減少する（凍結効果）（3.3参照）。

　がんの温熱療法（ハイパーサーミア）では，温熱自体による細胞の致死効果と温熱により細胞の放射線感受性が高められる効果の両方を利用している（10.2.9参照）。

9.2 化学的要因

1）酸素

　組織内の酸素分圧が 20mmHg より低くなると放射線感受性の低下が見られる。これを酸素効果という。酸素増感比（OER）は低 LET 放射線で 2.5〜3 程度であるが，高 LET 放射線では間接効果の寄与が小さいために酸素効果は小さい（3.3参照）。

　酸素効果により腫瘍中の低酸素細胞の放射線感受性が低くなることは，腫瘍の放射線治療上の大きな問題となっている（10.2.8参照）。

2）防護剤

　防護剤は，間接作用の修飾要因である保護効果に関連するものである。拮抗的作用は，ラジカルと反応しやすい物質の存在下で照射され生じたラジカルが除去される作用をいい，補修的作用は，ある物質がラジカルにより生体高分子が受けた損傷を修復する働きをもつことをいう。拮抗的作用の例として，−SH 基や S−S 結合を有するラジカルスカベンジャーがある（3.3, 10.5参照）。

3）増感剤

　放射線増感剤として臨床的に用いられているものに，**BUdR**（5−ブロモデオキシウリジン）がある。また，がん細胞の低酸素細胞に対する増感剤として，ニトロイミダゾールの誘

導体（例えば，ニモラゾール）について研究が進められている。（10.2.8 参照）

9.3 生物学的要因

１）種・系統

　種・系統により放射線感受性は異なる。種々の哺乳動物の $LD_{50\ (30)}$ を表 6.1 に示した（6.1 参照）。

２）性・年齢（分化の程度）

　ベルゴニー・トリボンドーの法則に見られるように，未分化なものほど放射線感受性は高い（5.2 参照）。

　一般的に幼若なものの方が成人に比べて放射線感受性は高い。がんの発生率は，被ばく時年齢に大きく関係し，被ばく時年齢が低い群で確率係数は高くなっている。

　乳がんのリスク係数は男女平均として求められているが，実際には男性における発生率はほとんど 0 であり，性による違いの例としてあげられる（6.2.2 参照）。

３）細胞周期

　細胞周期の中で放射線感受性が最も高いのは M 期（分裂期）であり，G_1 期の後わりから S 期前半にかけても放射線感受性は高い。一方，放射線感受性が最も低いのは S 期後半であり，G_1 期初期（G_1 期が十分に長い場合）においても放射線感受性は低い（4.1 参照）。

演 習 問 題

1. DDREF について説明せよ。

2. RBE と放射線加重係数はどちらも，放射線の線質による影響の程度の違いを表すための指標である。両者の違いを説明せよ。

3. 低 LET 放射線と比較した高 LET 放射線の生物効果で正しいものはどれか。
   1. 間接作用の寄与が小さい。
   2. 線量率効果が大きい。
   3. 酸素効果が大きい。
   4. 放射線防護剤の効果が大きい。
   5. 照射後の回復の程度が大きい。

4. 高 LET 放射線について正しいのはどれか。
   a. RBE が小さい。
   b. 感受性の細胞周期依存性が大きい。
   c. 生じた DNA 損傷は修復されやすい。
   d. 低酸素細胞に有効である。
   e. 速中性子線は高 LET である。
      1. a, b   2. a, e   3. b, c   4. c, d   5. d, e

5. RBE の大きい放射線はどれか。
   1. α 線   2. 中性子   3. γ 線   4. 陽子線   5. 重イオン線

6. X 線と比べて陽子線を放射線治療に用いる利点はどれか。
   1. 酸素効果比が大きい。
   2. SLDR が小さい。
   3. 細胞周期の影響が小さい。
   4. RBE が大きい。
   5. 線量分布が優れている。

10. 放射線の医学利用 －核医学診療とがんの放射線治療－

10.1 核医学診療

1) 核医学

　核医学では，診断（検査）と治療が行われる。診断と治療を合わせて，診療と呼ぶ。

　核医学検査は，インビボ検査とインビトロ検査に分けられる。インビボ検査は，放射性核種で標識された放射性化合物を静脈注射し，ガンマカメラで撮影し，臓器の働きを画像化するものである。この得られた画像をシンチグラム（シンチグラフィ）という。コンピュータ処理により断層画像も得られ，SPECT（スペクト）という。表 10.1 に代表的な検査と使用核種を示す。

表 10.1　核医学インビボ検査と使用核種

検査の種類	使用核種
脳血流	^{99m}Tc, ^{123}I
甲状腺機能	^{99m}Tc, ^{123}I
心機能・血流	^{99m}Tc, ^{123}I, ^{201}Tl
骨転移	^{67}Ga, ^{99m}Tc
腎機能	^{99m}Tc

　インビトロ検査は血液や尿といった生体試料に含まれる微量成分（ホルモン，腫瘍関連抗原など）を体外で定量して病気の診断を行うものである。使用される核種はほとんどが ^{125}I である。

　また，治療は，^{131}I を用いた甲状腺治療（甲状腺機能亢進症（バセドウ病），甲状腺がん）にほぼ限られている。

2) PET

　核医学検査の 1 つである PET（positron emission tomography）検査は，陽電子断層撮影法を用いた検査であり，陽電子放出核種で標識した放射性化合物を静脈注射したり，吸入させて，心臓や脳などの働きを断層画像としてとらえる。表 10.2 に代表的な PET 製剤と検査目的を示す。特に，^{18}F-フルオロデオキシグルコース（FDG）を用いた腫瘍検査は，がんの早期発見の観点から注目されている。日本人の 2 人に 1 人ががんに罹り，3 人に 1 人が死亡するような 21 世紀に人類が手に入れた，いわば奇跡とも言える医療技術である。特徴としては，①^{18}F は半減期が 110 分と短いため検査終了後の無用な被ばく線量が小さいこと，②腫

10. 放射線の医学利用

表 10.2 代表的な PET 製剤と検査目的

PET 製剤	検査目的	
¹⁵O-酸素ガス	脳酸素消費量	吸入
¹⁸F-フルオロデオキシグルコース	心機能, 腫瘍, 脳機能	静脈注射
¹⁸F-フルオロドーパ	脳機能(ドーパミン)	静脈注射
¹¹C-メチオニン	アミノ酸代謝, 脳腫瘍	静脈注射
¹¹C-酢酸	心筋	静脈注射
¹¹C-メチルスピペロン	脳機能(ドーパミン受容体)	静脈注射
¹³N-アンモニア	心筋血流量	静脈注射
¹⁵O-水	脳血流量	静脈注射

瘍に取り込まれやすいよう（分裂が活発でエネルギーを必要とする）ブドウ糖と類似物質である必要があるが，^{18}F で標識した無毒な化合物が合成できたこと，さらに，③陽電子放出核種であることから消滅 γ 線を 180°方向に放出するため，上記の SPECT と比較して，放出源の位置分解能が格段に優れ，早期がんの発見が可能であることなどがあげられよう。大きさ 1cm 以下の腫瘍であれば，治療（治癒）可能と言われるが，0.5cm 程度の大きさの腫瘍から見つけられる。適用には制限があり，正常組織でも脳や心筋などエネルギー消費の大きなものには適用できないといった点もある。このため，^{11}C-メチオニンが脳腫瘍の検査に用いられる。

10.2 がんの放射線治療

10.2.1 腫瘍細胞の増殖と腫瘍コード

1）腫瘍細胞の増殖

腫瘍細胞は腫瘍系の組織に属する。新生する細胞数が脱落する細胞数よりも多いために，組織の大きさは増大することとなる。腫瘍細胞の分裂は，正常細胞とは異なり，無秩序な細胞分裂であり，無限増殖の可能性を持つ。しかし実際には，はじめは指数関数的に増殖し，その後増殖速度は緩やかとなる。

2）腫瘍コード

腫瘍組織は，毛細血管を中心として桿状に発育している。毛細血管が腫瘍細胞に酸素と栄養を供給しているが，毛細血管が酸素と栄養を供給できる範囲を**腫瘍コード**と呼ぶ。腫瘍を形成する最小単位ということもできる。腫瘍コードでは，図 10.1 に示される通り，毛細血管の周りに腫瘍細胞が並ぶが，毛細血管から距離が離れるのに従って酸素の供給が悪くなるために，毛細血管から近い順に**酸素細胞，低酸素細胞，無酸素細胞**となっている。腫瘍コードは通常 150～170 μm の大きさであり，最大でも 180 μm を超えることはないとされている。

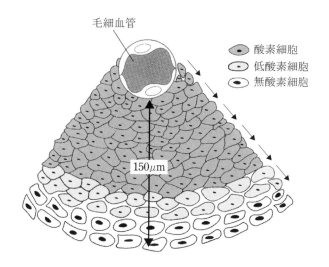

毛細血管

酸素細胞
低酸素細胞
無酸素細胞

150μm

図10.1　腫瘍コード

表 10.3　腫瘍の放射線感受性

放射線感受性	腫瘍の種類
高い	類上皮腫
	ウィルムス腫瘍
	未分化胚腫瘍
	悪性リンパ腫
	髄芽腫
	松果体部胚芽腫
	ユーイング肉腫
中程度	扁平上皮癌
	基底細胞癌
低い	腺癌(一部中程度のものがある)
	線維肉腫
	骨肉腫
	悪性黒色腫

３）腫瘍組織の放射線感受性

　正常組織と同じように，腫瘍組織についても種類の違いによって放射線感受性に違いが見られる。表 10.3 に腫瘍の放射線感受性の分類を示す。細胞分化の程度が未分化なものから高度なものへと並んでおり，腫瘍細胞についてもベルゴニー・トリボンドーの法則は適用できるものと考えられている。

10.2.2　治療可能比

腫瘍の放射線治療では，腫瘍細胞を放射線照射により増殖死させることを目的としている。しかし，その周囲にある正常細胞も同時に照射を受けることとなり，正常細胞にも影響が及び副作用が起こることとなる。したがって，放射線治療では，腫瘍細胞に対してはその増殖を制御するのに十分な線量を与える一方で，正常細胞に対しては可能な限り副作用が小さくなるような照射を行う必要がある。この関係を定量的に表したものが，**治療可能比**（TR：therapeutic ratio）であり，単に治療比とも呼ばれる。

治療可能比は，正常組織耐容線量（TTD：tissue tolerance dose）と腫瘍致死線量（TLD：tumor lethal dose）の比で式（10.1）のように表される。

$$治療可能比（TR）＝\frac{正常組織耐容線量}{腫瘍致死線量} \tag{10.1}$$

ここで，正常組織の耐容線量は正常組織の 5%に副作用としての障害が発生する線量であり，周囲の健全組織が耐えうる線量である。腫瘍致死線量は腫瘍細胞が 90%死ぬ線量であり，腫瘍細胞の 90%が細胞死を起こせば腫瘍制御は可能と考えられている。腫瘍致死線量は腫瘍治癒線量と呼ばれることもある。治療可能比が 1 以上であれば放射線による腫瘍の治療は可能であり，大きければ大きいほどその効果が期待される。しかし，1 未満の場合には副作用が大きくなり適用は困難となる。治療可能比は主として腫瘍組織と正常組織の感受性の差で決まるが，腫瘍の種類，発生部位，進行状態などに関係する。

表 10.4　重要臓器の耐容線量

臓器	障害	$TD_{5/5}$ (Gy)	$TD_{50/5}$ (Gy)	照射条件
骨髄	再生不良	2.5	4	全身
肝臓	急性及び慢性肝炎	25	40	全体
胃	穿孔，潰瘍，出血	45	55	100cm³
腸	穿孔，潰瘍，出血	45	55	400cm³
		50	65	100cm³
脳	梗塞，壊死	60	70	全体
		70	80	25%
脊髄	梗塞，壊死	45	55	10cm
心臓	心膜炎，汎心炎	45	55	60%
肺	急性及び慢性肺臓炎	30	35	100cm³
		15	25	全体
腎臓	急性及び慢性腎硬化症	20	25	全体
胎児	死亡	2	4	全身

注；$TD_{5/5}$，$TD_{50/5}$ は，それぞれ照射 5 年後に 5%，50%の確率で障害が現れる頻度。

（Rubin P.Piulter C.Clinical Oncology for Medical Students and Physicians.University of Rochester.1978.　より抜粋改変）

表 10.5　腫瘍致死線量

線量（Gy）	
35	精上皮腫，ウィルムス腫瘍，神経芽細胞腫
40	ホジキン病，リンパ肉腫
45	組織球性肉腫，皮膚がん（基底細胞がん）
50	転移性リンパ節腫瘍，扁平上皮がん（子宮，頭頸部など），胎児性がん，乳がん，卵巣がん，髄芽細胞腫，網膜芽細胞腫，ユーイング肉腫
60〜65	喉頭がん，皮膚がん（扁平上皮がん）
70〜75	口腔がん，咽頭がん，膀胱がん，子宮頸がん，子宮体がん，卵巣がん，肺がん
80 以上	神経膠芽腫，骨肉腫，悪性黒色腫，軟部組織腫瘍，甲状腺がん

注：腫瘍致死線量：95%の腫瘍が制御される線量（Rubin P.Piulter C.Clinical Oncology for Medical Students and Physicians.University of Rochester.1978.より抜粋改変）

10.2.3　分割照射

　分割照射は，治療可能比を高めるためにとられる照射方法の1つである。治療に必要な総線量を，1週あたり5回ずつ数週間にわたり照射する。例えば，1回2Gy週5日の照射を6週間続けると，合計30回で60Gyの総線量となる。分ける回数と1回の線量を分割，最初の照射から最後の照射までの時間を総照射期間という。上記の例は標準的な照射スケジュールであるが，さらに治療効果を高めるために多分割照射法が考えられている。

　hyperfractionation法は，1回の照射線量を少なくして1日2〜3回4〜6時間の間隔で照射する方法である。総照射期間は変わらない。1回線量を小さくし分割回数を多くするとSLD回復が大きくなる。SLD回復は正常組織の方が腫瘍組織よりも大きいため，相対的に正常組織の晩発効果が減少する。このため，正常組織の晩発効果に対する耐容線量が大きくなり，総線量を通常の分割照射法に比べて 10〜20%大きくすることができる。例えば，1日2回の照射とし1回の線量を1.1〜1.2Gyとすれば，総線量は10〜20%大きくなる。

　accelerated fractionation法は，1回の照射線量は通常の線量と同じまま1日2回の照射を行い，総照射期間を短縮する方法である。この方法は急速に増殖する腫瘍組織に対して有効であるが，正常組織に対する急性効果が増加する欠点は否めない。

10.2.4　分割照射と4R

　分割照射により治療効果比が高まるが，これは次にあげる 4R といわれる生物学的要因によるものと考えられる。これらのうち，①回復と②再増殖は正常組織に見られるもので，③再酸素化と④同調は腫瘍組織についてのものである。

　①回復（recovery, repair）

　②再増殖（repopulation）

③低酸素細胞の再酸素化（reoxygenation）

④細胞周期の同調（redistribution）

1 ）回復（recovery, repair）

　SLD 回復は，照射中にも照射後に次の照射を待つ間にも起こる。

　図 10.2 に示すように，ある効果 S_1 を得るために 1 回照射で必要な線量を D_1 とする。2 分割照射（1 回目の線量 D_{21}，2 回目の線量 D_{22}）を行って同じ効果 S_1 を得るためには，回復があるために 2 回の合計線量 D_2（$=D_{21}+D_{22}$）は 1 回照射 D_1 に比べて大きくなる。D_2 と D_1 の差（D_2-D_1）は回復線量 D_R（recovery dose）と呼ばれ，その分割照射に対する回復能を表す。

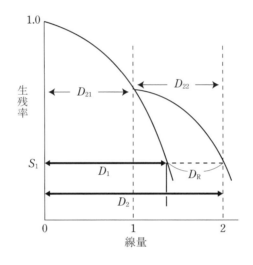

図10.2　回復線量

　直線 2 次曲線モデルの項（4.3.2）で述べたとおり，$\alpha／\beta$ は直線 2 次曲線モデルによる生存曲線において 1 次の成分と 2 次の成分による細胞死の数が等しくなる線量を表す。生存曲線の肩が大きいとき $\alpha／\beta$ は小さくなり，肩が小さいとき $\alpha／\beta$ は大きくなる。分裂増殖細胞やがん細胞の $\alpha／\beta$ の値は 10Gy 前後であるが，非分裂細胞，晩発障害では 1〜5Gy を示すことが多い。肩が大きいほど SLD 回復が期待できるので，$\alpha／\beta$ の値が小さい，つまり肩の大きな非分裂細胞，晩発障害の方が分割照射による SLD 回復の効果を期待できることとなる。

2 ）再増殖（repopulation）

　照射によって組織が失われると再増殖が起こる。再増殖の起こりやすさは組織によって異なるが，腸粘膜，造血組織，皮膚，口腔，咽頭粘膜などにおいてよく見られる。再増殖は，再生（regeneration）とも言われる。

3）低酸素細胞の再酸素化（reoxygenation）

　腫瘍には低酸素細胞が 15% 程度含まれている。低酸素細胞は酸素細胞に比べて放射線感受性が低いため，放射線照射により酸素細胞は死滅しても低酸素細胞は残る。生き残った低酸素細胞は，酸素細胞が消失するため毛細血管から酸素の供給を受けて再酸素化される。分割照射を行えば低酸素細胞が次第に再酸素化され，腫瘍が縮小していく。この様子を図10.3 に示す。

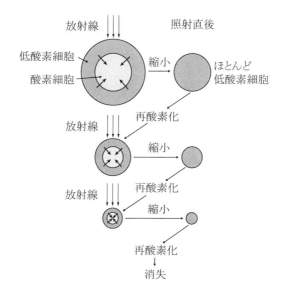

図10.3　低酸素細胞の再酸素化

4）細胞周期の同調（redistribution）

　細胞の放射線感受性が細胞周期によって異なることを 4.1 で述べた。はじめは正常組織や腫瘍組織の細胞周期はさまざまであるが，分割照射が繰り返されると，照射されたときに放射線感受性の高い時期にある細胞が選択的に細胞死を起すために，放射線感受性の低い時期にあった細胞が多く生き残り，結果として細胞周期の同調が起こる。同調された後の照射では，腫瘍細胞の細胞周期で放射線感受性の高い時期に照射を行えば効果は大きくなる。このため，時間的線量配分（照射間隔）は重要な検討課題である。

10.2.5　分割照射と等効果曲線

　総線量は同じでも，分割照射の照射スケジュールが異なれば得られる効果は異なる。

　Strandqvist は，皮膚の耐容線量は総照射線量を D，総照射時間を T とすれば，式（10.2）のように表され，縦軸を総照射線量（D），横軸を総照射時間（T）とした両対数グラフ上では直線になることを示した。これは**等効果曲線**と呼ばれる。

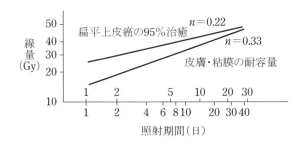

図10.4　等効果曲線（扁平上皮癌の治癒と皮膚・粘膜の耐容）
　　　　（横軸の照射期間は上が扁平上皮，下が皮膚・粘膜に
　　　　対するものである。）

$$D = E \cdot T^n \tag{10.2}$$

Cohen は，図 10.4 に示すように，皮膚と粘膜の耐容量の勾配（n）は 0.33 であり，扁平上皮がんの治癒についての 0.22 よりも大きいことを示した。皮膚の耐容量の方が小さいため短期間の治療スケジュールを立てることはできないが，40 日（6 週）で両者の総線量はほぼ等しくなり，照射方向を検討するなどして適用が可能となる。E は比例定数であるが，$T=1$ とすれば $D=E$ であり，1 日で線量全部を与えた場合に相当することから，E は 1 回等価線量あるいは 1 日換算量と呼ばれる。

Ellis は，治療期間（T）と分割回数（N）を分離して，正常組織の耐容線量は式（10.3）のように表されることを示した。

$$D = NSD \cdot N^{0.24} \cdot T^{0.11} \tag{10.3}$$

NSD は nominal standard dose の略であり，名前通り名目的な基準線量を表す。単位には ret（rad equivalent therapy）が用いられる。NSD は，腫瘍組織についてではなく正常組織の耐容線量を算定するために用いられることに注意が必要である。正常な皮膚の NSD は 1800ret 程度とされている。NSD は皮膚の耐容線量から導き出された概念であり，他の正常組織や腫瘍組織に適用が難しいため，新しい式の提案もされている。

10.2.6 粒子線治療

粒子線治療には，速中性子線，陽子線，重イオン線（He，C，N，Ne，Si，Ar イオン）が用いられる。単に粒子線といった場合には電子線も含まれるが，ここでは電子線を除いた高 LET 放射線による放射線治療の特長について述べる。

1）線量分布に優れている

放射線治療では腫瘍そのものに多くの線量を与え周囲の正常組織に対する線量はできる限り小さくすることが望ましい。図 10.5 に示す通り，粒子線治療で用いられる重荷電粒子はブラッグピークを形成するため，皮膚や浅いところにある正常組織にはあまり線量を与えず身体深部に大きな線量を与えることができる。

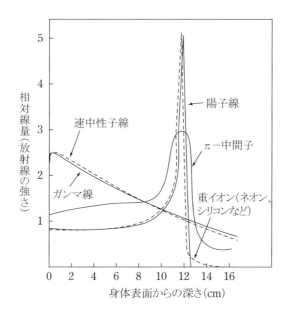

図10.5 組織中の深部線量曲線

　速中性子線は電荷を持たないためブラッグピークは形成されない。このため，身体深部にある腫瘍の治療には向かないが，表在性のがん治療には有効である。

2）RBE が大きい

　RBE が大きいことは，同じ線量を与えた時に治療効果が高いことを表す。RBE は 1.5〜3.0 程度となる。ただし，陽子線の RBE は低 LET 放射線とほとんど変わらず 1.0〜1.2 程度である。

3）OER が小さい

　高 LET 放射線では OER が小さい。したがって，腫瘍の低酸素細胞は低 LET 放射線に対しては抵抗性であるが，高 LET 放射線を用いれば効率的に治療が行える。ただし，陽子線の OER は γ 線と同程度である。

4）SLD 回復，PLD 回復が小さい

　回復が少なければそれだけ効率的に治療が進められる。高 LET 放射線では SLD 回復および PLD 回復はないか非常に小さい。

5）細胞周期依存性が小さい

　細胞周期による放射線感受性の変動は，高 LET 放射線の場合に小さくなり，どの細胞周期にある細胞も高 LET 放射線は効率よく殺すことができる。

6）治療効果比が大きい

　治療効果比（TGF：therapeutic gain factor）は腫瘍に対する RBE と正常組織の RBE

の比で，式（10.4）のように定義される。治療効果比が大きい放射線は正常組織に対する影響が小さいことを表す。

$$治療効果比（TGF）= \frac{腫瘍に対する RBE}{正常組織の RBE} \qquad (10.4)$$

10.2.7 強度変調放射線療法

上述したとおり，がんの放射線治療では，がんに大きな線量を与え，周辺の正常組織の線量をできるだけ小さくすることが求められるが，従来のリニアックを用いた高エネルギーX線による治療では，周辺組織の耐容線量を超えてしまうことから十分な照射が行えず，治療成績は満足できるものではなかった。強度変調放射線療法（IMRT：intensity modulated radiation therapy）は，照射ビームの強度を自在に変化（変調）させ，標的体積（がん）の形状に合わせて線量を調整して照射する方法である。腫瘍に放射線を集中し，周囲の正常組織への照射を減らすことができるため，副作用を増加させることなく，より強い放射線を腫瘍に照射することが可能となる。

10.2.8 ホウ素中性子捕捉療法

中性子がホウ素によって捕獲されやすい（核反応断面積が大きい）ことを利用したがんの治療方法がホウ素中性子捕捉療法である。ホウ素は中性子を取り込むと $^{10}B(n, \alpha)^7Li$ という核反応を起こす。この核反応で生じるα粒子と反跳粒子である ^7Li は，ともに水中での飛程が $10\mu m$ 程度と，細胞の直径程度である。そこで，がん細胞にホウ素を取り込ませ，原子炉や加速器で生じさせた中性子を照射すると，ホウ素を取り込んだがん細胞のみが選択的にα粒子と反跳リチウムによって障害されるという原理である。特に，脳腫瘍では，腫瘍の血管の脳血液関門機能が破綻しているため，正常な脳神経細胞では通過できないホウ素製剤を脳腫瘍に特異的に取り込ませることができるため，外科的手術や外部からの放射線治療が難しい脳腫瘍の制御効果が期待されている。ホウ素製剤としてはアミノ酸誘導体の BPA（p-boronophenylalanine）がある。

10.2.9 小線源治療

舌がんや前立腺がんなど，身体の表層部のみに存在する腫瘍や。体外から到達するのに容易な腫瘍の場合，密封小線源（シードとよぶ）を腫瘍組織に埋め込み治療を行うことがある。これを小線源治療（brachytherapy；ブラキセラピィ）という。^{198}Au を用いた舌がん，^{125}I を用いた前立腺がんの治療が代表的である。前立腺がんの小線源治療では，低い線量の線源（^{125}I）を入れたカプセルを永久的に前立腺内に埋め込む低線量率小線源療法（LDR）と，高線量の線源（^{192}Ir）を一時的に前立腺に挿入する高線量率小線源療法（HDR）がある。エネルギーの弱い ^{125}I 線源を用いた場合には，前立腺内部には十分な量の照射が可能で，前立腺周囲への照射量は少なく抑えられる。そのため，皮膚への影響はほとんどなく，直腸や膀胱での放射線障害の発生する頻度も低くなり，治療の大きな利点となる。がんの再発リスクを

下げることなどを目的として，HDR が併用，または単独で治療に用いられる場合もある。

10.2.10 内用療法（核医学治療）

甲状腺がんや甲状腺機能亢進症（バセドウ病）には，^{131}I の内服療法がある。ヨウ素が甲状腺に特異的に取り込まれることを利用したものである。また，^{90}Y 抗 CD20 抗体を体内に投与する悪性リンパ腫の治療，さらに近年，骨転移のある去勢抵抗性前立腺がんに対し，α 線放出核種である ^{223}Ra の体内投与療法が行われるようになってきた。

10.2.11 増感剤と防護剤

1）増感剤

放射線増感剤として臨床的に用いられているものに，BUdR（5－ブロモデオキシウリジン）がある。BUdR は DNA の構成物質であるチミジンと類似しており，DNA に取り込まれやすい。BUdR を取り込んだ細胞は放射線感受性が高くなる。

また，がん細胞は低酸素細胞であり，酸素分圧を直接に高めることは出来ない。したがって，低酸素細胞である腫瘍細胞に増感作用を持ち，酸素細胞である正常細胞には増感作用を示さない薬剤があればがん治療に役立つとの考えから，低酸素細胞増感剤が開発されてきた。ニトロイミダゾールは電子親和性を持つため酸素と同様な効果が期待される。このためその誘導体である薬剤の開発が進められている。ミソニダゾールは特に増感効果が認められたため広く臨床試験が行われたが，神経毒性があることが分かり臨床適用には至らなかった。エタニダゾールも同様に増感効果を持つものの臨床試験結果は否定的であった。現在唯一臨床応用されているものはニモラゾールであり，頭頸部がん治療に使用されている。

増感剤の効果を表すための指標として，式（10.5）で表される増感率（ER：enhancement ratio）がある。増感率は，ある効果を得るのに必要な増感剤を使用しない（放射線のみ）場合と増感剤を使用した場合の線量の比で表される。通常のこの種の比のものと同じで，分母分子が逆になっていることに注意が必要である。

$$増感率（ER）＝\frac{ある効果を得るのに必要な放射線単独の線量}{同じ効果を得るのに必要な増感剤を併用した時の線量} \quad (10.5)$$

2）防護剤

低 LET 放射線による間接作用では拡散性のフリーラジカルが重要な役割を果たす。このフリーラジカルとよく反応する物質が存在すれば間接作用を抑えることができる。このような防護効果を拮抗的作用という。ラジカルスカベンジャーと呼ばれる SH 基を持つ化合物が古くから知られており，システインとシステアミンが有名である。S－S 結合を持つ化合物も同様な働きを持ち，その例としてはシスタミンがあげられる。

また，ラジカルによって生成された損傷を修復するような効果を持つ防護剤もある。これを補修的作用というが，ラジカルを持つ生体高分子（DNA）から電子を受け取ることにより，基底状態に戻す働きをする。

　防護剤は照射に先立ちあらかじめ与えておくか，少なくとも照射中に与えられなければ効果がない。

　防護剤の効果を表すための指標として，式（10.6）で表される線量減少率（DRF：dose reduction factor）がある。線量減少率は，ある効果を得るのに必要な防護剤を使用した場合と防護剤を使用しない（放射線のみ）場合の線量の比で表される。

$$線量減少率（DRF）＝\frac{同じ効果を得るのに必要な防護剤を併用した時の線量}{ある効果を得るのに必要な放射線単独の線量} \qquad (10.6)$$

　低 LET 放射線において間接作用の占める割合は約 2／3 程度であるから，防護剤の使用によりすべての間接作用が防げたとして DRF は最大で 3.0 といえる。

10.2.12 温熱療法（ハイパーサーミア）

　細胞を高温（42℃または43℃以上）にすると，細胞は温熱により細胞死を起こす（図10.6）。温熱単独で細胞致死効果があることに加えて，①温熱は酸性細胞，すなわち低酸素細胞に大きな効果を示すこと，②温熱に対する感受性は，放射線に対し抵抗性を示す S 期後半を含む S 期全体で高く，細胞周期依存性は放射線とパターンが違うこと，③SLD 回復のパターンは放射線の場合と異なり加温後数日間残ることなどの特徴があり，温熱（単独）によるがん治療法が研究されてきた。しかし，患者がかなり熱がること，深部に腫瘍がある

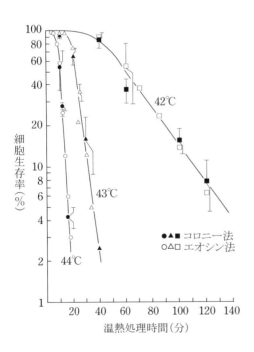

図10.6　マウス細胞に対する温熱効果

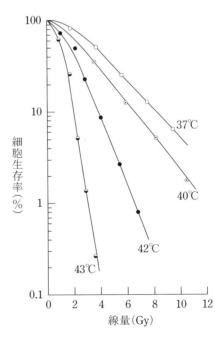

図10.7　チャイニーズハムスター細胞の細胞
　　　　生存率曲線の温熱による変化
　　　　（線量率0.12Gy／分で照射中に加温）

場合の温度の制御が難しいことなどの困難な点が指摘されている。

細胞の放射線感受性は温熱により上昇する（図 10.7）。加温による放射線効果を表す指標として，式（10.7）に示す熱効果比（TER：thermal enhancement ratio）が用いられる。

$$熱効果比（TER）＝\frac{放射線単独で同じ生物学的効果を起こすのに必要な線量}{ある生物学効果を起こすのに必要な加温時の線量} \qquad (10.7)$$

図 10.7 の 43℃ と 37℃ の場合の TER は 6.8 であり，放射線と温熱を併用することにより効率よくがん治療を進めることが期待される。放射線と温熱を併用する場合，温熱は連日行うことはできない。分割照射における放射線治療は，治療計画により，通常 5 日間の連日照射が行われる。しかし，温熱は，細胞に熱ショックタンパク質（HSP）の発現を促し，温熱効果を減弱・消去する耐性を生じさせる。そのため，温熱を連日行っても，2 日目以降は温熱効果が期待できない。そこで，温熱は，熱耐性の原因となる HSP の消失する中 2 日か 3 日あけて実施される。また，熱耐性は段階的過熱によっても生じる。すなわち，徐々に組織の温度を上げていくと，やはり HSP の発現が生じ，温熱耐性が生じてしまう。そのため，温熱療法では，体温から一気に組織の温度を約 43 度付近まで上げる必要がある。放射線治療との併用では，先に放射線照射を行い，その後に温熱を行う。逆にすると正常組織の障害も大きくなる。

10.2.13 骨髄移植と免疫反応

1）骨髄移植

白血病や再生不良性貧血，あるいは急性放射線症の造血臓器の障害の治療において骨髄移植が行われる。骨髄移植に際して，移植片と宿主（移植の受け手）との免疫の型が合わないと拒絶反応が起こり，治療は成功しない。このため宿主の免疫機能を低下させるため，骨髄死を起こすのに必要となる程度の線量を全身照射してから骨髄移植を行う。

2）放射線キメラ

骨髄移植が成功した場合，宿主が持つ本来の遺伝子と移植された骨髄が持つ遺伝子の 2 つの異なった遺伝子が宿主という 1 個体の中で共存することとなる。この状態をキメラといい，特に一方が放射線照射を受けているものを放射線キメラという。キメラの成立のしやすさは，組織適合性抗原の遺伝的類似性によっており，組織適合性抗原の違いが大きければ移植片は排除されやすくなる。一卵性双生児の間では遺伝的背景は同じことから，同系統キメラは成立しやすい。兄弟・姉妹間の同種間では大なり小なり組織適合性抗原に違いがあり，同種間キメラは成立しにくい。異種キメラを成立させることはさらに困難となる。

3）HVG 反応と GVH 反応

組織適合性抗原の違いが大きい場合，移植後に生じる免疫反応に HVG 反応と GVH 反応の 2 つがある。HVG（host-versus-graft：対移植片宿主）反応とは，宿主が移植片を排除しようとする反応であり，宿主の免疫反応の抑制が十分でなかった場合に起こる。GVH （graft-versus-host：対宿主移植片）反応は，HVG 反応を免れた後，免疫活性を持った移植片が，照射されて免疫応答能力の低下している宿主を攻撃する反応である。

輸血された血液にある T リンパ球（移植片）が輸血された患者（宿主）を攻撃して死に至らしめるのがその例で，輸血後 GVHD（D は disease）といわれる。輸血後 GVHD を予防するために，輸血に先立ち 15〜50Gy の血液照射が行われる。この線量域では，リンパ球は死滅するか不活性化されるが，赤血球，白血球および血小板には影響が及ばない。

演 習 問 題

1. 腫瘍コードとは何か。

2. 放射線感受性の高い腫瘍はどれか。
    1. ウィルムス腫瘍　　2. 悪性リンパ腫　　3. 未分化がん　　4. 線維肉腫　　5. 悪性黒色腫

3. 治療効果比(TR)が高くなるのはどれか。
    1. 腫瘍周辺の正常組織の耐容線量が低い。
    2. 腫瘍内に低酸素細胞が多く存在する。
    3. 腫瘍細胞の D_0 が小さい。
    4. 腫瘍の容積が大きい。
    5. 腫瘍細胞の分化度が高い。

4. 分割照射の効果を比較するのに用いられないものはどれか。
    1. 部分耐用線量
    2. α / β 比
    3. モンテカルロ法
    4. NSD
    5. TDF

5. 放射線治療において高 LET 放射線とならないものはどれか。
    1. 中間子線
    2. 速中性子線
    3. 陽子線
    4. α 線
    5. 炭素イオン線

6. 放射線治療後の晩発反応はどれか。
    1. 萎縮膀胱
    2. 食道狭窄
    3. 悪性貧血
    4. 胃ポリープ
    5. 水頭症

7. 陽子線について正しいのはどれか。
    1. ブラッグピークを形成する。
    2. RBE がほぼ 1 である。
    3. 亜致死損傷からの回復がエックス線より大きい。
    4. D_q（準しきい値）が小さい。
    5. OER（酸素効果比）がエックス線より小さい。

8. 温熱療法で正しいものはどれか.
    1. 低酸素細胞の感受性を高めることができる。
    2. S 期の細胞は感受性が高い。
    3. 高 pH の細胞は感受性が高い。
    4. 週 5 回で 5 週間加温する。
    5. 1 回 10〜15 分加温する。

9. 血液照射で正しいものはどれか。
    1. 輸血の拒否反応を抑える。

2. 線量は 15〜30Gy である。
3. 輸血血液中のリンパ球を破壊する。
4. GVHD（移植片体宿主病）を予防する。
5. GVHD（移植片体宿主病）が発症しても死亡しない。

11. 内部被ばく

密封線源を通常使用する場合のように，体外にある線源から放射線を被ばくすることを外部被ばく（体外被ばく）というのに対し，密封線源が破損し放射性物質が体内に取り込まれた場合などのように，体内にある線源から放射線を被ばくすることを内部被ばく（体内被ばく）という。

内部被ばくでは，α線，β線は飛程が短いことから放射線のエネルギーすべてが体内で吸収される。このため，外部被ばくの場合に比べ，α線放出核種及びβ線放出核種の重要性が高いことに注意が必要である。

11.1 放射性物質の体内への摂取経路

放射性物質の体内への侵入経路としては，①経口摂取，②吸入，③経皮侵入の3つがあげられる。

(1) **経口摂取**：放射性物質を口から飲み込むことによって，胃腸管から吸収される経路。放射性物質で汚染された食品を食べたりするのが，この例である。経口摂取された放射性物質が胃腸管において吸収される割合を消化管吸収率というが，消化管吸収率は，核種と化学形により異なり，被ばく線量の大きさに影響を及ぼす。

(2) **吸入**：呼吸により放射性物質が呼吸気道から侵入し，肺および気道表面から吸収される経路。放射線管理が適切に行われていれば事故等を除き経口摂取や経皮侵入は起こりえないが，管理区域内で呼吸しないという訳にはいかず，通常の放射線作業において体内汚染が生じる場合は，大部分が吸入によるものである。したがって，空気中放射能濃度がある程度高い状況での放射線作業においては，マスクを着用するなどして，吸入を防止する対策が必要となる（それとともに，空気中の放射能濃度を高めないようにする作業環境管理も重要である）。

(3) **経皮侵入**：皮膚を通じ放射性物質が吸収される経路。傷のない正常な皮膚は大部分の放射性物質に対して障壁として働くが，皮膚に傷がある場合は侵入しやすくなる（創傷汚染）。したがって，手指に傷のある場合はできれば非密封放射性同位元素の取扱いは控えた方がよい。

11.2 臓器親和性

体内に取り込まれた放射性物質は，その物理的性状あるいは化学的性状によって集積（沈着）する臓器が異なる。どの臓器に集まりやすいかという性質を**臓器親和性**という。表11.1

11. 内 部 被 ば く

表 11.1 放射性核種の臓器親和性

核種	親和性臓器
H-3(HTO：トリチウム水)	全身
Fe-55	造血器，肝臓，脾臓
Co-60	肝臓，脾臓
Sr-90	骨
I-125，I-131	甲状腺
Cs-137	全身(筋肉)
Rn-222	(呼吸をすることにより)肺が被ばく
Ra-226	骨
Th-232	骨，肝臓
U-238	骨，腎臓
Pu-239	骨，肝臓　　　　(不溶性) 肺
Am-241	骨，肝臓

に，代表的な核種についての臓器親和性を示す。核種の化学的性状により臓器親和性が決まるので，同一の核種であっても化学形が異なれば沈着する臓器が異なることもある。また，物理的性状により臓器親和性が決定される例としては，体内でコロイドを形成する核種があげられる。Fe，Zn，Co などは体内でコロイドを形成し，細網内皮系（脾臓，骨髄，リンパ節などで異物貪食能をもつ）の臓器に蓄積する。

　とくに骨についての臓器親和性を**骨親和性**といい，骨に蓄積しやすい核種を骨親和性核種（向骨性核種）あるいはボーンシーカー（bone seeker）という。不溶性の ^{239}Pu（二酸化プルトニウム ^{239}PuO$_2$ が代表例）を吸入摂取した場合，溶け出さないため肺胞壁から体内（の血流）に吸収されることなく肺に沈着し長く留まることになる。また，現在では用いられていないが，造影剤として用いられたトロトラスト（二酸化トリウム：ThO$_2$）は肝臓に沈着し肝がんの発生率を高めた事例は有名である。

　臓器親和性を示す臓器，つまりその核種が蓄積しやすい臓器を**決定臓器**と呼ぶ場合がある。決定は critical の訳である。しかし，決定臓器とは，若干放射線防護上の古い概念で，放射線によって最も影響を受けやすい，放射線に対する感受性が最も高い臓器を元来指す用語で，全身が均等に被ばくする場合，決定臓器に影響が現れなければ他の臓器にも影響は現れないはずであり，決定臓器に着目した管理を行えば放射線防護・安全が達成できるとした考え方があった。具体的な臓器としては，造血臓器，生殖腺，水晶体，皮膚があげられていた。現在では，確率的影響と確定的影響の区分，実効線量の概念の導入により，全身の被ばくは重みづけしてすべて考慮し，リスクをコントロールする放射線防護概念に変更され，決定臓器の概念は用いられなくなった。内部被ばくにおいて，臓器親和性を示す臓器には放射性核種が蓄積し被ばく線量が高くなることから上記の考え方が準用されて，決定臓器の用語が使われる場合がある。

11.3 放射性物質の体内動態

1）生物学的半減期と有効半減期

　体内に取り込まれた放射性物質は，その臓器親和性にしたがって種々の臓器・組織に分布し，その後排泄される。生物学的減少は実際には複雑な過程をたどるが，全身の体内量が指数関数的に減少するものと仮定し，排泄機構により体内量が 1／2 になるまでの時間を**生物学的半減期**と呼ぶ。

　放射性物質の体内量の減少は，①放射性壊変による物理的減衰と②排泄機構による生物学的減少の 2 つに支配される。この両者による放射性物質の体内量の減少をあわせて表したものを**有効半減期（実効半減期）** T_{eff} といい，生物学的半減期 T_{b} および物理学的半減期 T_{p} との関係は式（**11.1**）で表される。

$$\frac{1}{T_{\text{eff}}} = \frac{1}{T_{\text{p}}} + \frac{1}{T_{\text{b}}} \tag{11.1}$$

　有効半減期の式（**11.1**）は類書ではアプリオリに記述されていることが多いので，導出過程について簡単に説明する。物理学的な壊変定数 λ_{p} は，放射性物質が次の 1 秒間に壊変する確率を表す。同様に，次の 1 秒間に生物学的に排泄される確率を表す λ_{b} を考えれば，物理学的な要因と生物学的な要因を合計した有効（実効）的な壊変定数 λ_{eff} は，次のように表される。

$$\lambda_{\text{eff}} = \lambda_{\text{p}} + \lambda_{\text{b}}$$

$\lambda = \ln 2 / T_{1/2}$ であるので（$T_{1/2}$ は半減期を表す），

$$\frac{\ln 2}{T_{\text{eff}}} = \frac{\ln 2}{T_{\text{p}}} + \frac{\ln 2}{T_{\text{b}}}$$

両辺を $\ln 2$ で割ることにより，式（**11.1**）が得られる。

　有効半減期は，物理学的作用と生物学的作用の合わさったものであるので，物理学的半減期および生物学的半減期よりも常に短い（生物学的半減期に比べて物理学的半減期がきわめて長い場合には物理学的半減期にほぼ等しいと実質上考えられる場合もある）。一方，物理学的半減期と生物学的半減期のどちらが長いかについて法則はなく，一概に言えない。

2）放射性物質の体内からの排泄促進

　一旦，体内に取り込まれて臓器に沈着した放射性物質を積極的に排泄させる方法はほとんどない。トリチウム水は全身に水の形で分布しているので，利尿剤や水を大量に飲むなどして排泄を促進することができる。

　体内に取り込まれたものの臓器に沈着する以前であれば，沈着を抑制することができる場合もある。消化管吸収率を下げるために，下剤を使用することも 1 つの方法である。放射性ヨウ素の体内汚染の場合，安定ヨウ素剤（ヨウ化カリウム）を経口投与し，甲状腺への放射

性ヨウ素の沈着を低下することができる。つまり，放射性ヨウ素が甲状腺に集積する前に安定ヨウ素で甲状腺を満たし，甲状腺への放射性ヨウ素の沈着を防ぐ（これは除染剤というよりも予防剤である）。

DTPA はキレート剤（キレートとはギリシア語でカニのはさみを意味する。特定の元素をカニのはさみの部分に取り込み、尿から排泄する）であるが，Pu，Am などのアクチニド元素の体内除染剤として Ca-DTPA と Zn-DTPA が 2011 年に薬事承認された。Ca-DTPA の方が効果が強い。また，プルシアンブルーが Cs（あるいは Tl）の体内除染剤として 2010 年に薬事承認された。Cs は全身に分布するが，1箇所に留まっているわけではなく，血流に乗り腸肝サイクル（胆汁は，肝臓で生成→胆嚢に蓄積・濃縮→十二指腸に分泌→小腸で再吸収→肝臓と循環している。生体物質や化学物質などの物質が胆汁とともに循環することを言う。）を繰り返している。プルシアンブルーは消化管から吸収されないコロイド状物質であり，腸内で Cs を捕捉して糞中に排泄する。

11.4 体内放射能の測定方法

体内に取り込まれた放射能を測定する代表的な方法として，以下の2つがあげられる。

(1) 全身カウンタ法（直接法）

全身カウンタ（ホールボディカウンタ）と呼ばれる全身放射能測定装置を用いて測定する。全身カウンタの概観図を図 11.1 に示す。全身カウンタは，①鉄室，②放射線検出器，③データ分析部から構成され，定量・校正のために，ファントムと呼ばれる人体模型が使用される。鉄室は，体外へ放出される放射線は微量であるので精度よく測定するためには自然バックグラウンド放射線を低減する必要があり，そのための遮蔽体である。放射線検出器は，エ

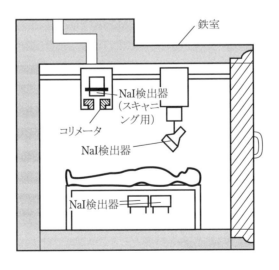

図11.1 全身カウンタの概観図

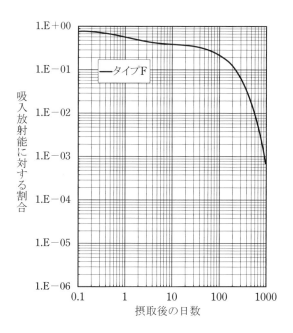

図11.2 ^{137}Csの残留曲線

ネルギー分析により核種弁別が行えるように NaI（Tl）シンチレータあるいは Ge 検出器が用いられる。全身カウンタによる測定では体外へ放出された放射線を測定するために，透過力の高い γ 線放出核種にしか適用できない。

　体内被ばく線量の算定は，測定時点の体内負荷量から残留曲線（図 11.2）を用いて初期摂取量を求め，線量係数（Sv/Bq）を乗じることにより行われる。

(2) バイオアッセイ法（間接法）

　排泄物（主として尿，糞）中に含まれる放射性物質を測定し，排泄率曲線（図 11.3）を用いて体内量を算定する。測定可能な核種の制限はないが，測定試料の採取や調整に手間がかかるという欠点がある。尿試料の採取であれば通常 24 時間尿の採取が要求されるが，被検者は体内汚染を引き起こした状況下にあり，試料採取のためのさらなる精神的負担を強いることとなる。また，定量評価のための試料としては糞あるいは尿が用いられるが（血液を採取する場合もある），そのままでは放射線測定に適さないので前処理が必要となるが，表11.2 に示すとおり，手間と時間を要することとなる。近年，α 線を測定するのではなく，試料に X 線を照射し X 線蛍光分析を行う方法も試みられているが，まだ研究段階にあると言って良い。

　放射線管理あるいは緊急被ばく医療の目的では，線量評価を行う前に，吸入があったか否かを判断することが重要であり，入口である鼻腔のスメア（スワブとも言う）が行われる。

11.　内　部　被　ば　く

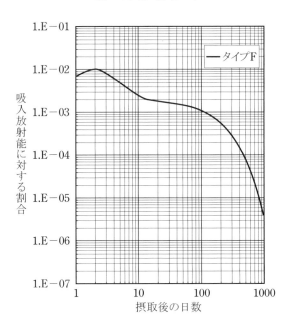

図11.3　¹³⁷Csの排泄率曲線

表 11.2　バイオアッセイ試料の前処理方法

処理方法	目的	適用試料	操作方法
蒸発濃縮	試料の減容	尿・血液	加熱
湿式灰化	有機物の除去 試料の減容	尿・血液	濃硝酸(過塩素酸，過酸化水素等)を加えて加熱
乾式灰化	有機物の除去 試料の減容	糞・組織	電気炉で加熱
共沈	目的元素の分離	尿	試薬を用い共沈

11.5 サブマージョン

　KrやXeといった不活性気体（希ガス）等では，環境中に放出された場合，拡散してしまう前は比較的高濃度で空気中を雲状に漂っている（この状態を放射性プルームという）。放射性プルーム内での被ばくを考えると，体外を漂っている放射性核種からの外部被ばくの側面がある一方，不活性気体は他の物質との相互作用を持たないため体内にも入り込んでおり，内部被ばくの側面も持つこととなる。この状態を**サブマージョン**と呼び，外部被ばくや内部被ばくと区別している。

演 習 問 題

1. 放射性物質を体内に取り込む経路を 3 つあげ，それぞれ取り込みを防止するための手段，方策について簡潔に説明せよ。

2. 決定臓器の 2 つの意味合いについて説明せよ。

3. 人体に摂取されたとき，白血病の発生に最も関与する核種はどれか。
   1. ^{40}K
   2. ^{90}Sr
   3. ^{99}Tc
   4. ^{131}I
   5. ^{137}Cs

4. ある核種の物理学的半減期が 8 日，生物学的半減期が 120 日であるとき，有効半減期はいくらか。

5. 体内放射能測定法を 2 つあげ，それぞれ長所と短所をまとめよ。

12. 放射線防護 －医療被ばくと自然放射線－

　本章では，放射線防護の基本的概念の概要を ICRP2007 年勧告にしたがって説明するとともに，医療被ばく，自然放射線の現状とその防護方策に対する考え方を述べる。

12.1 ICRP と放射線防護の基本的考え方

1) 国際放射線防護委員会（ICRP）

　我々が現在用いている放射線に関する安全基準は，主として ICRP により作成されている。ICRP とは，国際放射線防護委員会（International Commission on Radiological Protection）の略称である。ICRP は，1928 年に第 2 回国際放射線医学会議が開かれた際，国際 X 線・ラジウム防護委員会という名称で設立され，1950 年に名称ならびに組織が改められて現在に至っている。

　ICRP は，放射線影響に関する科学的データや放射線の利用分野・形態，放射線防護・安全に関する技術的水準などを考慮して，放射線防護の理念や概念に関する基本的考え方，線量限度などの基準値を含めた規制の考え方などを検討し，その委員会勧告を ICRP Publication として刊行物の形で公表している。これらの勧告は，放射線防護の専門家や国の規制当局に読まれることが意図されており，世界各国の放射線安全基準を作成するための基礎として扱われている。我が国においても，国際的に統一された安全基準が必要であるという認識のもとに，放射線関連法令については ICRP 勧告を尊重するという立場が取られている。

　ICRP は主委員会と 5 つの専門委員会から構成されており，必要に応じそれぞれの委員会のもとにタスクグループを組織し，放射線に係わる様々な課題に対して幅広く対応する体制となっている。5 つの専門委員会がカバーしているテーマはそれぞれ，第 1 専門委員会が放射線影響，第 2 専門委員会が線量概念，第 3 専門委員会が医学領域における放射線防護，第 4 専門委員会が委員会勧告の適用であり，第 5 専門委員会は環境（動植物）に対する放射線防護について対応するため 2005 年に設置された。第 4 専門委員会が行っている委員会勧告の適用とは，委員会の基本勧告は理念的，概念的であるので，勧告の内容を項目・対象ごとにさらに深めて検討したり，具体的な適用例を示したりすることをいう。

　設立の経緯や名称からも分かるように，当時の放射線利用は医学の分野に限られたものでありそれらに関する防護方策を中心として検討されていたが，現在では，放射線利用は幅広い分野に広がっており，同時に ICRP がカバーする範囲も広がったものとなってきている。

2) 基本勧告と我が国の放射線関連法令

12. 放射線防護

ICRP Publication のうち放射線防護の基本原則をまとめたものを基本勧告といい，これまでに基本勧告は 6 回刊行されている。最新の基本勧告は 2007 年に出版された Publication 103 であり，ICRP 2007 年勧告と呼ばれている。

① Publication 1（1958年）
② Publication 6（1962年）
③ Publication 9（1965年）
④ Publication 26（1977年）
⑤ Publication 60（1990年）
⑥ Publication 103（2007年）

上述の通り，我が国の放射線関連法令は ICRP 勧告を尊重する立場を取っている。1990 年勧告の内容は，放射線審議会の検討を経て放射線関連法令に取り入れられ，平成 13 年 4 月 1 日より施行されている。2007 年勧告の法令取り入れは放射線審議会で検討事項について 2 次中間とりまとめの報告書が 2011 年 1 月に出されているが，東日本大震災による東京電力福島第一原子力発電所事故により，その後の審議は止まっている。つまり，現行の放射線関連法令である，放射性同位元素等の規制に関する法律（RI 規制法：原子力規制庁），電離放射線障害防止規則（厚生労働省），医療法施行規則（厚生労働省）などは 1990 年勧告をベースとしたものとなっている。

ICRP による放射線防護の基本的考え方には，放射線利用を規制するための法律の条文とするのにはなじまない内容もあり，法令に 1990 年勧告の全ての内容が取り入れられている訳ではない（例えば，最適化）。しかし，法律の根底では ICRP の放射線防護の基本的考え方を前提としており，放射線利用にあたりこれらの考え方を理解しておくことは重要である。

3）放射線防護の基本的考え方

a）放射線防護の目的

ICRP は放射線防護の主な目的は，「被ばくに関連する可能性のある人の望ましい活動を過度に制限することなく，放射線被ばくの有害な影響に対する人と環境の適切なレベルでの防護に貢献すること」であるとしている。放射線利用はメリットがあるから行うのであり，利用があってこその管理であることが明確に示されている。しかしながら，利用を最優先して管理をないがしろにしてよいということではなく，「過度に制限することなく」という語句に込められた意味合いを十分に理解することが重要である。

さらに具体的に，「電離放射線による被ばくを管理し，制御すること，その結果，確定的影響を防止し，確率的影響のリスクを合理的に達成できる程度に減少させることである。」と述べている。確定的影響は発生のしきい線量があるために被ばく線量をそれ以下に制限することにより発生を防止することができる。しかし，確率的影響にはしきい線量がないと仮定されているので，被ばくが少しでもある限り発生を完全になくすことはできない。このた

め，科学的な判断だけでなく社会的な判断を含めた合理的な手段を確実に取り，確率的影響の発生を減少させることとなる。

b）被ばく状況の区分による放射線防護体系

ICRP 1990 年勧告では，放射線被ばくを伴う人間活動を，①行為（practice：放射線被ばくを増加させるような人間活動）と②介入（intervention：放射線被ばくを全体として低減させるような人間活動）の 2 つに区分し，それぞれに次項に述べる放射線防護の 3 つの基本原則（正当化，最適化，線量限度）を適用する形で放射線防護体系をくみ上げていた。

2007 年勧告では，被ばく状況による区分を重視する形がとられた。被ばく状況は，①**計画被ばく状況**，②**現存被ばく状況**，③**緊急時被ばく状況**の 3 つに区分される。計画被ばく状況は，放射線源の意図的な利用を行う場合で，従来の行為に対応するものと考えて差し支えない。現存被ばく状況は，すでに被ばくする状態がある状況を指しており，自然放射線レベルが高い場合と事故等により環境汚染が生じそれが長く続くような状況が考えられる。緊急時被ばく状況は，事故等により緊急の対策を必要とする状況である。現存被ばく状況と緊急時被ばく状況が従来の介入に相当するが，上記の簡単な説明からも分かるとおり，各状況で必要とされる放射線防護方策はずいぶんと異なったものとなる。このため，介入に関する部分に関して，被ばく状況の区分を分けることによってきめ細やかな対応ができるように被ばく状況の区分が考慮された。

2011 年に起こった東日本大震災に起因した東京電力福島第一原子量発電所事故では，環境中に ^{131}I や ^{134}Cs，^{137}Cs といった放射性物質が放出された。原子炉が冷却されず原子炉自体が不安定で爆発やベントなどにより放射性物質が環境中に放出されている段階が緊急時被ばく状況であり，原子炉からの放射性物質の放出が収まり，土壌に沈着した放射性物質から住民が被ばくし続ける状況が現存被ばく状況である。緊急時被ばく状況については 20～100 mSv，現存被ばく状況については 1～20 mSv という線量のバンドを ICRP は与えている。警戒区域・避難区域は緊急時被ばく状況として設定されたものであり（線量基準としてバンドの一番低い値の 20 mSv が採用された），住民の帰還のために警戒区域・避難区域の解除の検討が進められている。帰還した住民は現存被ばく状況における被ばくとなる。

c）被ばくのカテゴリー

放射線被ばくは，被ばくを受ける人の立場によって次の 3 つに区分される。

　　①職業被ばく

　　②医療被ばく

　　③公衆被ばく

職業被ばくとは，放射線を取り扱う職場で働いている人が，その仕事に起因して受ける被ばくをいう。

医療被ばくは，その人自身の診断あるいは治療の一部として受ける被ばくをいう。また，

12. 放 射 線 防 護

患者の付添いや介護のために本人が承知の上受ける被ばくならびに生物医学研究で志願者が受ける被ばくも医療被ばくに含まれる。小さな子供の X 線撮影にあたり保定を行う母親が被ばくするような場合がその 1 例である。診療放射線技師が仕事中に受ける被ばくは職業被ばくであり，病院で受ける被ばくであっても医療被ばくではない。

公衆被ばくは，職業被ばく，医療被ばく以外のすべての被ばくが含まれる。原子力発電所などの放射線施設から放出される放射性物質による周辺住民の被ばくや，夜光時計，煙感知器などのコンシューマプロダクトからの被ばくなど様々な被ばくがある。

d）放射線防護の基本原則

この放射線防護体系における基本原則として，①**正当化**，②防護の**最適化**，③**線量限度**の3つがあげられる（表 12.1）。

(1) 正当化の原則：「放射線被ばくの状況を変化させるいかなる決定も，害より便益を大きくすべきである。」

放射線利用にあたり，あらかじめ正味の利益があることを確認することをいう。放射線には諸刃の剣といった側面があるので，利用する便益と損害を比べて便益のほうが大きい時にしか放射線は使用しないとするものである。正当化の判断はまず第一に行われなければならない。

(2) 防護の最適化の原則：「被ばくする可能性，被ばくする人の数，及びその人たちの個人線量の大きさは，すべて，経済的及び社会的な要因を考慮して，合理的に達成できる限り低く保たれるべきである。」

正当化された行為について，どの程度の防護対策を講じるかの判断は，経済的および社会的要因を考慮して合理的に達成できる限り低いレベルに最適化される。「合理的に達成できる限り低く」という考え方は，英語の "as low as reasonably achievable" の頭文字をとって **ALARA**（アララ）の原則と呼ばれる。

(3) 線量限度：「患者の医療被ばくを除く計画被ばく状況においては，規制された線源からのいかなる個人への総線量も，委員会が勧告する適切な限度を超えるべきではない。」

線量限度は文字通りにそれを超えてはならない被ばく線量の値を示すが，そこまで浴びても良いと言っているのではないことに注意が必要である。つまり，最適化の結果，合理的なレベルが線量限度よりも低ければ，そのレベルに抑えて放射線を利用することとなり，逆に，もし最適化の結果で線量限度よりも大きいレベルが示された場合には，線量限度以下となるように，さらなる防護手段を講じて放射線を利用することとなる。

表 12.1　放射線防護の基本原則

| ①正当化 |
| ②防護の最適化 |
| ③個人の線量限度 |

表 12.2 線量限度

適用	線量限度	
	職業被ばく	公衆被ばく
実効線量限度	決められた5年間の平均が1年あたり20mSv[1]	1年に1mSv
等価線量限度 眼の水晶体 皮膚[2] 手先および足先	50mSv／年，決められた5年間で100mSv 500mSv／年 500mSv／年	15mSv／年 50mSv／年 －

[1] 実効線量は任意の1年に50mSvを超えるべきではないという付加条件つき。
[2] 局所被ばくについて，確定的影響を防止するため追加の限度が必要である。

　線量限度の具体的数値は表12.2に示されるとおり，実効線量と臓器の等価線量について与えられている。実効線量限度は確率的影響の制限のため，等価線量限度は確定的影響の防止のためである。等価線量限度が個々の臓器・組織について与えられていないが，これは次の理由により必要がないためである。2章で述べられた通り，実効線量は各臓器の等価線量に組織加重係数をかけたものを合算して求められる。表2.2に組織加重係数が示されているが，(1990年勧告でも2007年勧告でも) 値が0.04よりも大きな臓器については，その臓器だけが被ばくした場合を考えると，元来意図されている等価線量限度500mSv／年よりも実効線量限度の方が厳しいために，実効線量限度を守っていれば等価線量限度は自動的に守られることとなる。(値が0.04の臓器・組織の場合，その臓器だけが等価線量で500mSv被ばくしたとすれば実効線量は0.04×500＝20mSvとなり，実効線量限度と等価線量限度の両方ともをちょうど満足する。) 組織加重係数が0.01の組織には骨表面，皮膚，唾液腺，脳があるが，このうち，局所被ばくの可能性がある皮膚について等価線量限度が与えられている。また，眼の水晶体については，5章で述べた通りである。

12.2 医療被ばく －正当化・最適化の重要性と診断参考レベル－

　医療における被ばくは意図的なもの（人が人に対して人為的に放射線照射することが許されている）であるため，正当化の重要性が指摘される。

1）正当化

　医学における放射線利用の正当化は3つのレベルで考えられる。

　①医学利用：医学において放射線を利用することは，損害よりも便益が大きく受け容れられており，この正当化については現在では当然のことと考えられている。

　②特定の目的をもつ特定の手法：例として，がんの早期診断のためのPET診断（^{18}F–FDG）を考えると理解しやすい。この正当化は，関連する国際機関と連携して，国の当局や職業団体が，その診断法や治療法の成熟度を考慮して扱う課題である。

③個々の患者への適用：個々の患者について，被ばくの目的を考慮し，あらかじめ正当化される必要がある。

2）最適化

治療は病巣に線量を与えること，つまり照射すること自体が目的であるが，診断は情報を得ることが目的であり，照射自体は目的ではない。各検査について標準的な患者の線量，放射性薬剤の投与量など容易に測定できる量として，**診断参考レベル**が使用される。診断参考レベルは，線量や投与量が異常に高い状況を確認するための手段であり，超える状況がある場合は最適化が十分されているかを検討する。

従前，我が国では医療被ばくの線量が他の先進諸国に比べて大きいとの指摘があった。しかしながら，近年，先進諸国においても多列 CT の導入など医療被ばくの線量は大きくなってきており，医療従事者の医療被ばくへの配慮も浸透してきたことと相俟って，その差は大きなものではなくなってきている。

3）線量限度

医療被ばくには線量限度がない。これは，医療被ばくによる患者の利益が明らかであり，限度を定めてしまうと，必要な診断情報が得られなかったり，放射線治療がすべて行えなくなったりしてしまうからである。また，医療被ばくの便益と損害は同一の個人つまり患者にもたらされ，不公平がないことも理由の1つである。

12.3 自然放射線

1）自然放射線による公衆被ばく

自然放射線源は，①宇宙線，②大地放射線，③体内放射能，④空気中のラドン・トロンの4つに大別される。

宇宙線は，宇宙から地球に降り注ぐ放射線である。宇宙から地球に降り注いでいる放射線の内訳は，陽子が87%，α 線が12%，重粒子が1%である。これらの1次宇宙線が地球の大気圏に突入すると，空気を構成している酸素，窒素の原子核と核反応を起こし，高エネルギーの電子，光子，中性子，ミュー粒子といった2次宇宙線がつくられる。我々が地表で受ける宇宙線は，これらの2次宇宙線である。宇宙線の強さは，緯度や高度によって異なる。緯度による違いは地磁気の影響によるもので，緯度が高いほうが宇宙線は強くなる。高度による違いは空気の遮蔽効果によるもので，東京では年間約 0.3mSv の被ばくであるが，富士山頂では年間約 0.7mSv の被ばくとなる。

大地放射線は，鉱物中に含まれるウラン系列，トリウム系列，アクチニウム系列の放射性核種（ウラン，トリウム，ラジウムなど）から放出される放射線である。これらの放射性核種は鉱物や土壌の組成により含まれる割合が異なるために，場所により大地放射線の強さが異なることが知られている。例えば，関西地方は放射性核種をより多く含む花崗岩が多いた

めに，関東地方よりも大地放射線が多い。宇宙線と大地放射線を合算した評価では，神奈川県が年間 0.81 mSv と最低で，岐阜県が年間 1.19 mSv と最大となっている。さらに海外では，土壌からの放射線量が，イランのラムサールで年間 0.6〜149 mSv，インドのケララで年間 1.8〜35 mSv，中国の揚江で年間 3.2 mSv（UNSCEAR 2000）と通常の地域に比べて 10 倍以上も高い場所が知られている。

　体内放射能は，表 12.3 に示すように，カリウム 40，ルビジウム 87，炭素 14 などであり，約 7,000 Bq の放射能を我々は体内に持っている。カリウムは生体必須元素であり約 130g が体内に存在するが，そのうち 0.012％が地球誕生時から存在する原始生成放射性核種である放射性のカリウム 40（半減期 12.8 億年）である。ルビジウム 87 も同様に原始生成核種であり，半減期が 475 億年と非常に長い。炭素 14 は，宇宙線の中性子成分が空気中の窒素と (n, p)反応することにより生成される宇宙線起源核種である。宇宙線起源核種は他に，トリチウム（水素 3），ベリリウム 7，ナトリウム 22 があるが，線量への寄与はきわめてわずかである。

表 12.3　人体内の放射性物質

放射性物質	全身の放射能（Bq）（体重 60kg の人の平均含有量）
カリウム 40	4,100
炭素 14	2,600
ルビジウム 87	520
鉛 210 およびポロニウム 210	19
ウラン 238	1.1
合計	約 7,240

　空気中のラドン・トロンは，ウラン系列のラドン 222 およびトリウム系列のラドン 220 が希ガスであることから，それぞれ順次壊変していく過程で空気中に放出され，被ばくの原因となる。トロンはラドン 220 の通称である。ラドンとトロン自体は希ガス（不活性気体）であり被ばく線量にそれほど寄与しないが，それぞれの娘核種であるポロニウムや鉛は α 線を放出する金属元素である。これらの娘核種は吸入されると気管支や肺胞に沈着し，α 線被ばくをもたらすため被ばく線量が大きくなる。

　UNSCEAR 2000 年報告書による自然放射線による公衆の被ばく線量を表 12.4 に示す。また，2011年に我が国の自然放射線量の見直しが行われたので，その結果を表 12.5 に示す。従来は年間 1.5 mSv とされていたが，食品摂取（特に魚に含まれるポロニウム 210，鉛 210）による内部被ばく線量への寄与が大きくなり，全体として年間 2.1 mSv の評価となった。

2）自然放射線による職業被ばく

　職場に存在する自然放射線からの被ばくは，通常は除外して考えられる。しかし，次にあげるような状況においては，線源の制御の可能性，つまり被ばくが管理できるか否かに着目

表 12.4　世界平均の自然放射線による被ばく線量（UNSCEAR 2000年報告）

線源	世界平均の年間実効線量（mSv）	典型的な分布幅（mSv）
宇宙線	0.4	0.3～ 1.0
大地放射線	0.5	0.3～ 0.6
体内放射能	0.3	0.2～ 0.8
ラドン・トロン	1.2	0.2～10.0
合計	2.4	1 ～10

表 12.5　日本の自然放射線による被ばく線量

	線源	実効線量（mSv/年）
外部被ばく	宇宙線	0.3
	大地放射線	0.33
内部被ばく（吸入摂取）	ラドン（屋内，屋外）	0.37
	トロン（屋内，屋外）	0.09
	喫煙（鉛 210，ポロニウム 210 など）	0.01
	その他（ウランなど）	0.006
内部被ばく（体内放射能）	主に鉛 210，ポロニウム 210	0.80
	トリチウム	0.0000082
	炭素 14	0.01
	カリウム 40	0.18
合　計		2.1

して，職業被ばくの1つとしてとらえ放射線防護・管理の対象と考えられている。

a）高高度飛行による宇宙線被ばく

宇宙線は高度が高くなれば強くなり，地表面では 0.03 μSv／hr 程度であるのが，高度 10,000m の飛行においては約 5 μSv／hr となる。東京－ヨーロッパの往復には約 20 時間を要するので，被ばく線量は 0.1mSv となる。パイロット，スチュワーデス，旅行添乗員など職業上で航空機に頻繁に乗る人の被ばくを職業被ばくとして管理するための方策が議論・検討されている。この特殊な例は，宇宙飛行士であり，線量も大きい。

b）ラドン被ばく

温泉，露天掘りを含めたウラン鉱山，その他の多くの地下鉱山と洞穴，ある種の地下作業場所での操業における被ばくが職業被ばくとなる。

c）自然放射性物質を有意に含む物質の取扱い

有意に微量の自然放射性物質を含む物質として，ジルコン，バデレー石，ジルコニア，希土類鉱物，およびある種のリン鉱石とこれらの鉱石の処理から発生する廃棄物である石膏などがあげられる。これらは NORM（Naturally Ocurring Radioactive Material）と呼ばれる。鉱石精錬所，リン酸と肥料の生産過程におけるリン酸カルシウムの処理プラント等において，

これらの物質が大量に存在すれば外部被ばくの原因となり，粉じんが多く舞い上がるような作業においては内部被ばくの原因となる。

12. 放 射 線 防 護

演 習 問 題

1. ICRP の委員会構成とそれぞれの専門委員会がカバーするテーマを示せ。

2. 現行の我が国（平成 13 年 4 月 1 日施行）の放射線関連法令が基づく ICRP 勧告は何か。

3. 被ばく状況を 3 つあげ，それぞれ簡単に説明せよ。

4. 放射線診療従事者の放射線防護の基本原則の考え方の順序で正しいものはどれか。

   1. 防護の最適化　　→ 個人の線量制限 → 正当化
   2. 個人の線量制限 → 正当化　　　→ 防護の最適化
   3. 正当化　　→ 防護の最適化　　→ 個人の線量制限
   4. 防護の最適化　　→ 正当化　　　→ 個人の線量制限
   5. 正当化　　→ 個人の線量限度 → 防護の最適化

5. 放射線被ばくについて正しいものはどれか。

   1. 我が国で人体が受ける自然放射線は 1 年で約 5mSv である。
   2. 医療被ばくの上限値は設定されていない。
   3. 妊娠中の放射線診療従事者の腹部の組織等価線量限度は，妊娠と診断されてから出産までの間で 10mSv である。
   4. 緊急作業時（男子）の線量限度は 100mSv である。
   5. 水晶体の等価当量限度は年間 300mSv である。

6. 放射線被ばくに関する次の記述のうち正しいものはどれか。

   1. 自然放射線に起因する被ばくも，職業被ばくとして制限される場合がある。
   2. 線量限度以下の放射線被ばくでは突然異変は一切発生しない。
   3. 放射線被ばくによる奇形発生に最も注意しなければならないのは胎児の器官形成期である。
   4. ALARA とは，正当化についての考え方を示したものである。
   5. 妊娠可能な女性が腕を骨折した場合，エックス線検査は月経開始後の 10 日以内に行う。

参 考 文 献

(1) 西澤邦秀編：放射線安全取扱の基礎,名古屋大学出版会(2001).

(2) 江島洋介,木村　博編：放射線技術学シリーズ「放射線生物学」,オーム社(2002).

(3) 日本アイソトープ協会：密封線源の基礎　第5版,丸善(2010).

(4) 青山喬,丹羽太貫編著：放射線基礎医学(第12版),金芳堂(2013).

(5) 坂本澄彦：放射線生物学,秀潤社(1998).

(6) 菱田豊彦：放射線生物学－放射線と人間とのかかわり合い－,丸善プラネット社(1998).

(7) 小須田茂：放射線生物学ノート－放射線にたずさわる医師・技師のために－,文光堂 (1996).

(8) A. H. W. Nias : An Introduction to Radiobiology, second edition, John Wiley & Sons Ltd, West Sussex, England(1998).

(9) 真崎規江,森嘉信,澤田昭三編：診療放射線技術学大系 12「放射線治療学・放射線生物学」, 通商産業研究社,(1992).

(10) 木村修治,河野通雄編：放射線治療学(第2版),金芳堂(1996).

(11) NCRP(National Council on Radiation Protection and Measurements) : Guidance on Radiation Received in Space Activities, NCRP Report No.98 (1989).

(12) 青木芳朗ら：バイオドジメトリー－人体の放射線被曝線量推定法－,日本アイソトープ 協会(1996).

(13) 谷口直之,杉山治夫,松浦茂昭編：がんとは何か,中山書店(1996).

(14) 谷口直之,杉山治夫,松浦茂昭編：がんはなぜできるのか,中山書店(1996).

(15) 松澤昭雄：遺伝学の知識,オーム社(1997).

(16) 大西武雄監修：放射線医科学－生体と放射線・電磁波・超音波－,学会出版センター (2003).

(17) UNSCEAR(United Nations Scientific Committee on the Effects of Atomic Radiation) : Sources and Effects of Ionizing Radiation, 1997 Report to the General Assembly, New York, United Nations,(1977).

(18) UNSCEAR : Ionizing Radiation: Sources and Biological Effects, 1982 Report to the General Assembly, New York, United Nations,(1982).

(19) UNSCEAR : Genetic and Somatic Effects of Ionizing Radiation, 1986 Report to the General Assembly, New York, United Nations,(1986).

(20) UNSCEAR : Sources, Effects and Risks of Ionizing Radiation, 1988 Report to the General Assembly, New York, United Nations,(1988).

参 考 文 献

(21)　UNSCEAR : Sources and Effects of Ionizing Radiation, 1993 Report to the General Assembly, New York, United Nations,(1993).

(22)　UNSCEAR : Sources and Effects of Ionizing Radiation, 1994 Report to the General Assembly, New York, United Nations,(1994).

(23)　UNSCEAR : Sources and Effects of Ionizing Radiation, 1996 Report to the General Assembly, New York, United Nations,(1996).

(24)　UNSCEAR : Sources and Effects of Ionizing Radiation, 2000 Report to the General Assembly, New York, United Nations,(2000).

(25)　BEIR(Committee on Biological Effects of Ionizing Radiation) : The Effects on Populations of Exposure to Low Dose Levels of Ionizing Radiation: 1980, BEIR Ⅲ Report, Washington DC, National Research Council, (1980).

(26)　BEIR : Health Risks of Radon and Other Internally Deposited Alpha-emitters, BEIR Ⅳ Report, Washington DC, National Research Council,(1988).

(27)　BEIR : Health Effects of Exposure to Low Levels of Ionizing Radiation, BEIR V Report,Washington DC, National Research Council, (1990).

(28)　BEIR : Health Risks from Exposure to Low Levels of Ionizing Radiation: BEIR ⅦEffects of Exposure to Low Levels of Ionizing Radiation, BEIR Report Ⅶ Phase 2, Washington DC, National Research Council,(2006).

(29)　ICRP(International Commission on Radiological Protection) : 1990 Recommendations of the International Commission on Radiological Protection, Adopted by the Commission on November 1990, Publication 60, Annals of the ICRP, 21(1-3), (1991).

(30)　ICRP : Basic Anatomical and Physiological Data for Use in Radiological Pro-tection: The Skeleton, Publication 70, Annals of the ICRP, 25(2),(1995).

(31)　ICRP : The 2007 Recommendations of the International Commission on Radiological Protection, Publication 103, Annals of the ICRP, 37(2-4),(2007).

(32)　ICRP : Radiological Protection in Medicine, Publication 105, Annals of the ICRP, 37 (6), (2007).

(33)　ICRP : ICRP Statement on Tissue Reactions and Early and Late Effects of Radiation in Normal Tissues and Organs –Threshold Doses for Tissue Reactions in a Radiation Protection Context, Publication 118, Annals of the ICRP, 41(1/2),(2012).

(34)　小佐古敏荘,杉浦紳之ら : 全身カウンタの現状と標準化に関する課題,保健物理,29, 217-228 (1994).

(35)　原子力安全技術センター : 被ばく線量の測定・評価マニュアル(2000).

(36)　柴田徳思編：放射線概論(第 13 版),通商産業研究社(2021).

(37)　鶴田隆雄編：初級放射線(第 12 版),通商産業研究社(2021).

(38)　吉澤康雄：放射線健康管理学,東京大学出版会(1984).

(39)　辻本忠,草間朋子：放射線防護の基礎(第 2 版),日刊工業新聞社(1992).

(40)　日本原子力文化振興財団：「原子力」図面集(2013 年版).

(41)　近藤宗平：低線量放射線の健康影響,近畿大学出版局(2005).

(42)　被ばく医療関係の指導参考資料作成に関する検討委員会(主査：明石真言)編：医学教育における被ばく医療関係の教育・学習のための参考資料,放射線医学総合研究所(2012).

(43)　市川龍資編：新版生活環境放射線(国民線量の算定),原子力安全研究協会,(2011).

演習問題　解答

1. 放射線生物学の概観

1. 1) 身体各レベルの影響

原子レベル→分子レベル→細胞レベル→臓器・組織レベル→個体レベル

2) 発現の時間的スケール

物理的過程→化学的過程→生化学的過程→生物学的過程

（おおよその時間についても把握しておくこと）

2. 1) 被ばく線量と影響の発生頻度の関係に基づく分類。

2) ① しきい線量の有無：確定的影響にはしきい線量（それ以上の線量で影響が発生するような線量）があるが，確率的影響ではしきい線量はないと仮定されておりどんなに少ない線量でも影響の発生の可能性がある。

② 線量と影響の重篤度の関係：確定的影響では，線量がしきい線量を超えて大きくなると影響の重篤度は増す。確率的影響では，がんや遺伝性影響が対象であり，線量によって重篤度は変わらない（たとえ非常に少ない線量でもがんが発生し死亡してしまえば，症状の重篤度は非常に重いこととなる）。線量の増加に伴い増大するのは影響の発生確率である。

3. 1. 正 臓器の機能に臨床的な異常が現われる点がしきい線量である。

2. 誤 被ばくを受けた人の1%に影響がでる線量がしきい線量である。従来，1～5%に影響が出る線量とされてきたが，ICRP 2007年勧告で改められた。

3. 正 しきい線量を超えると，重篤度は線量の増加に伴い増大する。

4. 誤 発生頻度が線量に比例するのは，確率的影響である。

5. 誤 白内障，白血球数の減少は確定的影響であるが，白血病は確率的影響である。

4. 1. × 再生不良性貧血，　2. ○ 骨肉腫，　3. ○ 肺がん，　4. × 致死突然変異，

5. × 皮膚潰瘍

確率的影響として，発がんと遺伝性影響があげられる。再生不良性貧血および皮膚潰瘍は，しきい値のある確定的影響である。

確率的影響および確定的影響の分類は放射線防護上の分類であり，遺伝性影響は子孫に現われる個体レベルの影響をいう。致死突然変異は，優性や劣性ホモの場合では次世代の個体は生存し得ないが，劣性ヘテロの場合は突然変異が子孫に受け継がれる。このような場合は遺伝的リスク（保因者）と呼び個体レベルの影響である遺伝性影響とは区別するのが厳密には正しいが，遺伝性（的）影響という用語が個体レベルの影響以外の影響を含んで用いられることもあるので注意が必要である。

5. すべて正しい。

1. 慢性被ばくは遷延被ばくとも言われる。　2. 部分被ばくは局所被ばくとも言われる。

演習問題解答

2. 線量概念と単位

1. 1) カーマ：注目する領域内で，非荷電粒子が物質と相互作用を起こして発生した二次荷電粒子の運動エネルギーの総和(エネルギーを質量で除したもの)をいう。

2) 空気カーマ：相互作用する物質を空気とした場合のカーマをいう。

3) 空気衝突カーマ：カーマは衝突カーマと放射カーマに分けられる。衝突カーマは，二次荷電粒子がその後に電離・励起に消費される分のエネルギーをいう。放射カーマは制動放射により放出される分のエネルギーをいう。

2. 放射線加重係数ならびに組織加重係数は，低線量被ばくにおける確率的影響，すなわち発がんや遺伝性影響に対して，放射線の種類やエネルギーによる違い，組織による感受性の違いを表したものである。したがって，大量被ばくによる影響評価を行う場合には，等価線量および実効線量を用いることは妥当ではない。

3. 1. 正 単位は Sv である。

2, 3. 正 吸収線量に放射線加重係数を乗じたものである。

4. 誤 LET が 100keV 程度で最大となり，それより大きくなると逆に小さくなる。

5. 誤 臓器に吸収されたエネルギーが同じであれば，被ばく形式には関係ない。

4. a. 誤 電子：1, b. 誤 陽子：2, c. 正 光子：1,

d. 正 α粒子：20, e. 正 中性子 (0.01〜1 keV)：2.5

[解答] 5. (c, d, e が正しい)

5. 1. $3.7 \times 10^7 \, \text{Bq} = 37 \times 10^6 \, \text{Bq} = 37 \, \text{MBq}$

2. $7.4 \times 10^{11} \, \text{Bq} = 740 \times 10^9 \, \text{Bq} = 740 \, \text{GBq}$

3. $2.4 \times 10^{-3} \, \text{Sv／年} = 2.4 \, \text{mSv／年}$

4. $6.8 \times 10^{-5} \, \text{Sv／hr} = 68 \times 10^{-6} \, \text{Sv／hr} = 68 \, \mu \text{Sv／hr}$

5. $7.2 \times 10^{-10} \, \text{Gy} = 720 \times 10^{-12} \, \text{Gy} = 720 \, \text{pGy}$ (あるいは $0.72 \, \text{nGy}$)

3. 分子レベルの影響

1.　　生成されたフリーラジカルが再結合を起こさずに拡散できる距離は 2nm 程度である。高 LET 放射線は高密度で電離を行うため生成されたフリーラジカルが密集して存在しており，フリーラジカルが再結合する。このため，低 LET 放射線よりも間接作用の占める割合が小さくなる。

2.　1.　誤　H_2O_2 は不対電子を持たないため，ラジカルではない。
　　2.　誤　OH・は電子を求めやすく，生体側は酸化される。酸化作用は最も強い。
　　3.　正　このほか紫外線照射などエネルギーを得ることにより，OH・を生成する。
　　4.　誤　O_2^- は SOD により分解される。
　　5.　誤　H_2O_2 はカタラーゼにより分解される。

3.　1)　希釈効果：溶質の濃度を高くすると，放射線の効果は小さくなる。
　　2)　酸素効果：酸素分圧を高くすると，放射線の効果は大きくなる(20mmHg 以上では一定)。
　　3)　保護効果：防護剤を与えると，放射線の効果は小さくなる。
　　4)　温度効果：温度を高くすると，放射線の効果は大きくなる。

4.　1.　誤　失活分子数は一定である。失活分子の割合は濃度の増加とともに低くなる。
　　2.　誤　水分子からの OH・の作用が主である。
　　3.　正
　　4.　誤　SH 化合物はラジカルスカベンジャーであり，保護効果により感受性は減少する。
　　5.　誤　酸素分圧が 20mmHg 以下では，細胞の感受性は減少する。

5.　1.　正　DNA 損傷には，1 本鎖切断，2 本鎖切断，塩基損傷，塩基遊離，架橋形成がある。
　　2.　誤　2 本鎖切断の方が 1 本鎖切断に比べて修復しにくい。
　　3.　誤　塩基損傷そのものでも，塩基損傷を原因として鎖切断が起こり，細胞死は起こる。
　　4.　正　塩基損傷は直接作用に比べ間接作用により引き起こされやすい。
　　5.　誤　1 本鎖切断，2 本鎖切断の方が突然変異の原因となりやすい。

6.　1.　誤　光回復は，紫外線による損傷であるピリミジンダイマーが光回復酵素により回復するものである。
　　2.　誤　色素性乾皮症 XP は，エンドヌクレアーゼを欠くために除去修復が行えない先天性遺伝疾患である。
　　3.　誤　除去修復では，塩基に対するものは損傷のある部分のみが除去されるが，ヌクレオチドに対するものはまわりのいくつかの塩基も除去される。
　　4.　誤　SOS 修復は，緊急事態に誘導される修復機構であり，誤修復が起こりやすい。
　　5.　正

4. 細胞レベルの影響

1. 1. 誤，2. 誤　DNA 合成は M 期に行われ，S 期から M 期への間は G_2 期である。

3. 正，4. 正　M 期の放射線感受性が最も高く，S 期後半の放射線感受性が最も低い。

5. 誤　G_0 期の細胞は静止期にあり，細胞活性は低く抗がん剤等への反応度は低い。

2. 分裂死：コロニー法

間期死：色素排出能試験

3. 1.　～4.　正

5. 誤　未分化な細胞はベルゴニー・トリボンドーの法則により放射線感受性は高い。

4. 1)～3)は標的説に基づく生存率曲線のパラメータ，4)は直線2次曲線モデルに基づく生存率曲線のパラメータである。

1)　D_0：平均致死線量－標的に平均1個のヒットを生じるのに必要な線量

2)　n　：外挿値－標的数の指標

3)　D_q：見かけのしきい線量－肩の大きさ

4)　$\alpha／\beta$：線量 D に比例して起こる細胞死の数と線量 D の2乗に比例して細胞死する数が等しくなる線量

5. 1. 正　対数増殖期にある細胞では PLDR は見られない。

2. 正　対数増殖期にある細胞の方が細胞分裂が盛んであり，細胞周期の進行が大きい。

3. 正　SLDR は絶えず行われている。

4. 誤　PLDR は照射6時間後までに終了する。

5. 誤　高 LET 放射線では，照射条件による影響を受けにくい。

6. 1. 正　末端欠失は1ヶ所の切断（1ヒット）によるもので，頻度は線量に比例する。

2. 正　染色体型，染色分体型の異常は，照射を受けた細胞周期の時期による。M 期以降では DNA 合成が終わっているために，染色分体型となる。

3. 誤　2.の解説を参照。

4. 正　末梢血液中のリンパ球は成熟リンパ球であり，もはや分裂を行わず，G_0 期にいる。PHA などで細胞周期を進行させると，生じる異常はすべて染色体型となる。生体中のリンパ球に生じる異常はすべて染色体型である。

5. 誤　安定型異常は，欠失，逆位，転座であり，2動原体染色体，環状染色体は不安定型異常である。

5. 臓器・組織レベルの影響

1. 細胞動態的分類 ：① 定常系， ② 休止細胞系， ③ 細胞再生系， ④ 腫瘍系
   感受性が高いもの：③ 細胞再生系 および④ 腫瘍系
   　　ベルゴニー・トリボンドーの法則により，細胞分裂頻度の高い系の放射線感受性が高い。

2. 2. 細胞の分化度が正しい。
   　　他の1. 線量率， 3. 放射線のエネルギー， 4. 細胞の酸素分圧 および5. 照射時の温度 は，いずれも物理的な照射条件であり，感受性に変化を及ぼすが，ベルゴニー・トリボンドーの法則とは関係がない。

3. 1. 誤 細胞周期において，分裂期（M期）の放射線感受性は最も高い。
   2. 誤 盛んに分裂を行う細胞は放射線感受性が高い。
   3. 正 酸素分圧が20mmHgより低くなると，放射線感受性は低下する。
   4. 誤 乳がんは腺がんに分類され腫瘍の中では感受性は低いが，全体としてみれば感受性は高い。
   5. 誤 抗がん剤と放射線の併用により相乗効果が期待される。

4. d. 皮膚基底細胞 および e. 末梢リンパ球の放射線感受性が高く，5. が正答。
   　　小腸において放射線感受性が高いのはクリプト細胞であり，吸収上皮細胞の感受性は低い。

5. 2. 不妊は生殖腺の被ばくによる影響である。生殖腺の放射線感受性は高い。
   　　1. 脊柱側弯， 3. 心嚢炎， 4. 肺線維症 および 5. 腎硬化症 の中では，4. 肺線維症のしきい線量が1回照射で6～8Gyと比較的小さめであるが，その他は10～20Gy以上の高線量照射の結果として発症する。それぞれにつき，どの程度のしきい線量であるかを学習することも大切であるが，本問では細胞再生系に属する生殖腺の影響に目をつけることが正答への近道である。

6. 1) リンパ球 ：間葉細胞（幹細胞）→リンパ芽球→幼若リンパ球→リンパ球（リンパ芽球）
   2) 精子 ：精原細胞→精母細胞→精子細胞→精子（(後期)精原細胞）
   3) 卵 ：卵原細胞→卵母細胞→卵（(第2次)卵原細胞）

7. 　　一過性の紅斑が照射後数時間以内に生じる。4. が正答。持続性の紅斑が見られた後，色素沈着が起こる。脱毛は照射後数週間で起こる。角質化，潰瘍は，晩発性の慢性症状である。

6. 個体レベルの影響

1. 名称（半致死線量），定義（被ばくした個体の半数が死亡する線量），意味合い（放射線感受性の指標），注意点（被ばく後どこまでの期間を考慮するか，ヒトでは 60 日，他の哺乳動物では 30 日）等について述べればよい。

2. 1. 正　クリプト細胞の細胞死により，吸収上皮細胞の供給が止まることが原因である。
   2. 正　吸収上皮細胞の寿命と関係し，ヒトでは 2 週間程度である。
   3. 正　中枢神経症状が現われる線量までは，腸死となる。
   4. 誤　骨髄細胞の障害による全身症状は，腸障害のそれよりも遅れて現われる。
   5. 正　吐き気，嘔吐，めまいといった放射線宿酔等の前駆症状を伴う。

3. b. 全身倦怠感，　c. 頭痛・発熱，　d. 吐き気・嘔吐　は，1Gy 以上の全身被ばくにより，急性放射線症の前駆症状として被ばく後数時間以降に見られる。a. 白血球のうち，顆粒球および単球の減少は 0.5Gy 以上，e. 赤血球減少は 1.0Gy 以上の被ばくでそれぞれ見られるが，1 日以内では見られない。リンパ球は，末梢リンパ球の細胞死が起こるために 1 日以内でもリンパ球数の減少が観察できる。2. が正答。

4. 放射線誘発がんの名目リスク係数の算定は，おおまかに以下の手順による。
   ①　疫学データの解析
   ②　線量反応関係および時間発現分布モデルへのデータの適合
   ③　生涯リスクの算定
   ④　DDREF 等の修飾要因による補正

5. 名目リスク係数の大きさを比較すればよい。それぞれの名目リスク係数は表 6.6（全集団）より，1. 舌（記載なし），2. 肺（112.9），　3. 骨髄（37.7），　4. 胃（77.0），　5. 骨（5.1）（単位:10^{-4}／Sv）であり，肺が最も放射線誘発がんを発生しやすい。

6. 1. 正　名目リスク係数（発生率に致死割合を考慮したもの）は全集団について甲状腺がんが 9.8×10^{-4}／Sv，肺がんが 112.9×10^{-4}／Sv である。肺の方が，がんになりやすく，なってしまった際の死亡率が高い。
   2. 誤　放射線皮膚障害が慢性化した後には皮膚がんが発生する場合が多い。
   3. 誤　放射線誘発白血病は自然発生の白血病とは区別できない。ただし，慢性リンパ性白血病は放射線では誘発されないと考えられている。
   4. 誤　線維化は後期反応として悪化した状態で，肺がんに進むことは十分に考えられる。
   5. 誤　胃の名目リスク係数は 77.0×10^{-4}／Sv であり，全組織の中で大きい方である。

7. 遺伝性影響

1. 1) 直接法：動物実験等により求めた単位線量あたりの突然変異率から，線量率効果，動物種差による外挿などの補正を加え，遺伝性影響の発生率を推定する。

2) 間接法：倍加線量法ともいう。動物実験等から倍加線量を求め，ヒトの遺伝的疾患の自然発生率を倍加線量で除することにより，遺伝性影響の発生率を推定する。倍加線量の算定において，従来はすべて動物実験のデータを用いていたが，ICRP 2007 年勧告では自然発生率についてはヒトに関するデータを使用することとした。

2. a. 正　生殖腺が被ばくしなければ，遺伝性影響の心配はない。

b. 正　（低線量では）突然変異発生率は被ばく線量に比例する。

c. 誤　倍加線量は 1Sv と評価されている。

d. 誤　遺伝子の突然変異が原因である。

e. 誤　優性のものも劣性のものもある。

したがって，正答は 1.

3. 1. 正　はじめの 2 世代について考慮すればよいと ICRP 2007 年勧告で変更された。

2. 誤　遺伝性影響の発生率は，全集団に対して 1Sv あたり 0.002 とされている。

3. 誤　フリーラジカルによる間接作用は，DNA 損傷に大きな役割を果たす。

4. 誤　遺伝有意線量は，生殖腺線量と子期待数の積から算出される。

5. 誤　60 歳の女性の子期待数は 0 と考えられるので，遺伝性影響には無関係である。

4. 　PRCF は Potential Recoverability Correction Factor の略であり，親が生殖腺被ばくした場合，突然変異を持った生殖細胞により受精することがある。障害が大きければ胎児は生存できず死産となる。これは，遺伝的リスクの過小評価につながるので，この補正のために導入された係数である。

演習問題解答

8. 胎児影響

1. ① 高放射線感受性，および② 影響の時期特異性

2. 1) 着床前期：胚死亡
2) 器官形成期：奇形
3) 胎児期：精神発達遅滞，発育遅延

3. 　10 日規則は，妊娠可能な女性の腹部の X 線検査（緊急に行う必要のあるものは除く）は，最終月経の開始から 10 日以内に行うべきであるとするものである。

4. 1. ○ 奇形は器官形成期の被ばくによる影響である。
2. ○ 確率的影響である脳腫瘍の発生の可能性がある。
3. × 放射線被ばくでは巨大児は生まれず，むしろ発育遅延が見られる。
4. ○ 8〜25 週の被ばくにより，精神発達遅滞（知能低下）が起こる。
5. ○ すべての期間の被ばくにおいて，染色体突然変異の発生の可能性がある。

5. 1. 死亡は着床前期（受精 8 日まで），3. 心臓奇形，4. 腸管奇形 および 5. 口蓋裂の奇形は器官形成期（受精 9 日〜8 週）に見られる。2. 精神発達遅滞（知能低下）は 8〜25 週の被ばくにより起こる。しきい線量は，8〜15 週で 0.3Gy とされている。

6. 3. 白血病が正答。全期間の被ばくにより発生の可能性がある。
1. 知能低下（精神発達遅滞）は線量の増加に伴って発生確率が増加するとも言われているが，しきい値のある確定的影響である。
2. 腸管奇形，4. 低身長（発育遅延），5. 甲状腺機能低下症 はいずれも確定的影響である。

9. 放射線影響の修飾要因

1. 　　DDREF は Dose and Dose Rate Effectiveness Factor の略であり，線量・線量率効果係数と呼ばれる。高線量・高線量率での影響が低線量・低線量率で，どの程度まで低減されるかを示す係数である。低線量・低線量率における発がんのリスク評価においては，疫学データから得られた高線量・高線量率のデータから低線量・低線量率でのリスク推定値を外挿して求めるのにあたって，この係数が用いられる。ICRP 2007年勧告では，2 という値を勧告している。

2. 　　放射線加重係数で，注目している影響は低線量における確率的影響であり，その使用は等価線量の算定に限られる。一方，RBE は様々な照射条件，影響について用いることができる。したがって，照射条件や注目する影響を明示しなければ意味を持たなくなる。

3. 　1.　正　電離密度が高く，生じたラジカル同士が再結合を起こしやすい。
　　2.　誤　線量率効果は小さい。
　　3.　誤　間接作用の寄与は小さいことから，酸素効果も小さくなる。
　　4.　誤　1. を考えれば，ラジカルスカベンジャーの効果が小さくなることが分かる。
　　5.　誤　電離密度が高いため，すべての標的がヒットされ，SLD の状態となりにくい。

4. 　a.　誤　RBE は大きい。
　　b.　誤　感受性の細胞周期依存性は小さい。
　　c.　誤　電離密度が大きく，2 本鎖切断など修復されにくい損傷が生じる。
　　d.　正　酸素効果が小さいということは，低酸素下でも影響が及ぶことを表す。
　　e.　正
　　したがって，正答は 5.

5. 　　γ（X）線，β 線，陽子線以外はすべて高 LET 放射線と考えてよい。したがって，1.　α 線，　2.　中性子，　5.　重イオン線の 3 つが高 LET 放射線に該当する。ただし，α 線は飛程が短いため内用療法にしか有効ではなく，中性子はがん治療の RBE はそれほど大きくない。また，陽子線は放射線治療において高 LET とは言えないが，ブラッグピークを作るため線量の制御が可能であるという利点がある。がん治療の RBE は中性子同様それほど大きくない。

6. 　　5 つの選択肢の内容はいずれも放射線生物学的に正しい記述である。この中から利点を 1 つあげるとすれば，がんの部位に選択的に照射が可能となる，5. の「線量分布が優れている」が適切である。（5.の解説も参照）

演習問題解答

10. 放射線の医学利用

1. 腫瘍コードは，1つの毛細管により酸素が供給される範囲の細胞群をいう。毛細血管から近い順に，酸素細胞，低酸素細胞，無酸素細胞と並び，大きくても 180 μm を超えることはない。

2. 高感受性：ウィルムス腫瘍，悪性リンパ腫，未分化がん　　　　低感受性：線維肉腫，悪性黒色腫

3. 1. 誤　周辺正常組織の耐容線量が低いと，治療に必要な線量を与えることが困難となる。
   2. 誤　低酸素細胞の放射線感受性は低い。
   3. 正　腫瘍細胞の D_0（平均致死線量）が小さければ，腫瘍細胞が死にやすい。
   4. 誤　腫瘍の容積が大きければ，腫瘍細胞を殺すために大線量を必要とする。
   5. 誤　腫瘍細胞の分化度が高い方が放射線感受性は低い。

4. 1. 正　部分耐用線量は等効果曲線で示される。
   2. 正　$\alpha／\beta$ 比は直線2次曲線モデルで肩の大きさを表す指標である。
   3. 誤　モンテカルロ法は，線量算定などに用いられるシミュレーション計算の1つである。
   4. 正　NSD は nominal standard dose の略であり，正常組織の耐容線量の算出に用いられる。
   5. 正　TDF は time-dose fractionation factor の略であり，部分耐容線量の概念を発展させたものとして導入された。これにより，異なる治療計画の加算が可能となった。

5. 3. 陽子線は，RBE が 1.0〜1.2 程度，OER がγ線と同程度といったように，他の高 LET 放射線とは異なっている。

6. 身体的影響は早期影響と晩発影響に分類されることを1章で述べたが，放射線治療においては，正常組織に現われる影響を早期効果，晩発効果と呼ぶことがある。これには，組織の種類によるもの（早期反応組織：皮膚，小腸，骨髄など，遅発反応組織：肺，腎，肝など）と同一組織内の影響による違い（消化管での例：早期効果−嘔吐，下痢，晩発効果−狭窄，閉塞）の2つがある。
   選択肢のうちでは，1. 萎縮膀胱　と2. 食道狭窄　の2つが該当する。3. 悪性貧血は放射線では発症しない（発症するのは再生不良性貧血）。4. 胃ポリープも放射線では発症しない。5. 水頭症は胎児奇形の1つ。

7. 1. 正　深部線量曲線はかなり理想的である。
   2. 正　RBE は 1.0〜1.2 程度である。
   3. 誤　亜致死損傷からの回復はエックス線と同程度である。
   4. 誤　SLD 回復が見られ生存曲線の肩は大きくなるので，D_q（準しきい値）は大きい。
   5. 誤　OER（酸素効果）はエックス線と同程度である。

8. 1. 正　低酸素細胞，低栄養細胞の感受性は元来低い。温熱療法によって，放射線治療の欠点を補うことができる。
   2. 正　細胞周期依存性は，放射線と温熱では異なったパターンを示し，温熱に対しては S 期の感受性が高い。
   3. 誤　低 pH（酸性）細胞の方が感受性は高い。
   4. 誤　温熱耐性の減衰には1週間程度要するため，通常週1回，多くても週2回の加温となる。
   5. 誤　加温時間は，40〜60分である。

9. 1. 誤　拒否反応とは，移植片が免疫反応により機能喪失，壊死することをいう。つまり，拒否反応は HVG 反応をいう。血液照射は GVH 反応の抑制を目的とする。
   2. 正　50Gy まで大きくなる場合もある。この線量範囲では，赤血球，血小板，好中球は生存する。
   3. 正　輸血血液中のリンパ球を死滅，または不活化させる。
   4. 正　移植片であるTリンパ球の死滅・不活性化を目的として照射する。
   5. 誤　GVHD（対宿主移植片病）では汎血球減少症をきたし，敗血症等を併発し死亡する。

—156—

11. 内部被ばく

1. 1) 経口摂取：汚染したあるいは汚染している可能性のある飲食物の摂取を制限する。

    2) 吸入　　：管理区域内で喫煙を禁止する。呼吸保護具を着用する。

    3) 経皮侵入：手，指に傷のある場合，非密封の放射性物質の取扱いを控える。

2. 1) 放射性核種が選択的に沈着する，臓器親和性を示す臓器。

    2) 放射線に感受性が高い臓器で，それらの臓器を対象として防護が行われる臓器。

3. 　白血病に関与するということから，骨髄あるいは骨に沈着する核種を選ぶ。

    1. ^{40}K（全身），2. ^{90}Sr（骨），3. ^{99}Tc（甲状腺，胃壁，肝臓），4. ^{131}I（甲状腺），

    5. ^{137}Cs（全身）であるから，2. が正答。

4. $1/T_{\text{eff}} = 1/T_{\text{p}} + 1/T_{\text{b}}$ であるから，$T_{\text{p}}=8$ 日，$T_{\text{b}}=120$ 日を代入して，

    $1/T_{\text{eff}} = 1/8 + 1/120$　したがって，$T_{\text{eff}}=7.5$ 日。

5. 1) 体外計測法（直接法）：

    長所：放射性物質の体内量を直接測定することができる。

    短所：全身カウンタという大掛りな装置を必要とする。γ 線放出核種にのみ適用可能である。

    2) バイオアッセイ法（間接法）：

    長所：α 線及び β 線放出核種にも適用可能である。

    短所：排泄率が条件により変動するなど，精度が良くない。試料採取と試料調整に手間を要する。

12. 放射線防護

1. 主委員会，第1専門委員会（放射線影響），第2専門委員会（線量概念），第3専門委員会（医学領域における放射線防護），第4専門委員会（委員会勧告の適用），第5専門委員会（環境防護）

2. ICRP 1990年勧告（Publication 60）。

3. 計画被ばく状況：放射線源の意図的な利用を行う場合。
   現存被ばく状況：すでに被ばくする状態がある状況。自然放射線レベルが高い場合と事故等により環境汚染が生じそれが長く続くような状況が例としてあげられる。
   緊急時被ばく状況：事故等により緊急の対策を必要とする状況

4. 3. 正当化→防護の最適化→個人の線量制限が正しい。
   線量限度が設定されているが，それを守りさえすればよいということではなく，どの程度の防護を行うのがバランスが良いかを考える最適化の過程が最も重要である。

5. 1. 誤　我が国で人体が受ける自然放射線は1年で約 2.1mSv である。
   2. 正　個々の状況によりメリットが異なるため，医療被ばくの線量限度は設定されていない。
   3. 誤　妊娠中の放射線診療従事者の腹部の組織等価線量限度は，妊娠と申告してから出産までの間で 2mSv である。
   4. 正　我が国の法令では，緊急作業時（男子）の線量限度は 100mSv である。ただし，ICRP では 0.5Sv 程度としている。
   5. 誤　水晶体の等価線量限度は年間 150mSv である。ICRP Publication 118 で，年間 20mSv に引き下げられている。

6. 1. 正　自然放射線に起因する被ばくで，ラドン，宇宙線（高高度飛行，宇宙飛行）などは，職業被ばくとして管理の対象となる。
   2. 誤　確率的影響は，線量限度以下とすることで，発生が容認できるレベルに制限される。
   3. 正　奇形は，器官形成期（2〜8週）の放射線被ばくにより生じる。
   4. 誤　ALARA は，合理的に達成できる限り低くの意味であり，最適化についての考え方を示したものである。
   5. 誤　10日規則は，妊娠可能な女性の腹部のエックス線検査について定めたものである。

〔索　　引〕

A to Z

〔執筆者紹介〕

  杉 浦 紳 之　（すぎうら・のぶゆき）
　1961 年　埼玉県に生まれる。
　1985 年　東京大学医学部保健学科卒業
　1991 年　東京大学大学院医学系研究科社会医学専攻修了(医学博士)
　1991 年　日本原子力研究所（リスク評価解析研究室）
　1993 年　東京大学助手（原子力研究総合センター放射線管理室）
　2005 年　近畿大学講師（原子力研究所）
　2006 年　近畿大学助教授（原子力研究所）
　2007 年　近畿大学准教授（原子力研究所）
　2010 年　近畿大学教授（原子力研究所）
　2011 年　(独)放射線医学総合研究所 緊急被ばく医療研究センター長
　2013 年　(公財)原子力安全研究協会 放射線環境影響研究所所長
　2015 年　(公財)原子力安全研究協会理事長

  鈴 木 崇 彦　（すずき・たかひこ）
　1957 年　山形県に生まれる。
　1980 年　東北薬科大学薬学部卒業
　1982 年　東北薬科大学大学院薬学研究科博士課程前期課程修了
　1982 年　東北薬科大学助手（放射薬品学教室）
　1986 年　(財)発生・生殖生物学研究所研究員
　1987 年　(株)バイオ科学研究所副主任研究員
　1991 年　(旧)工業技術院微生物工業技術研究所特別研究員
　1992 年　東京大学附属病院助手（放射線研究施設）
　1994 年　東京大学医学部講師（放射線研究施設）
　1997 年　東京大学大学院医学系研究科講師（放射線研究施設）
　2003 年　東京大学大学院医学系研究科附属疾患生命工学センター講師（放射線研究領域／放射線分子医学部門）
　2014 年　帝京大学教授（医療技術学部診療放射線学科）

  山 西 弘 城　（やまにし・ひろくに）
　1962 年　香川県に生まれる。
　1986 年　名古屋大学工学部原子核工学科卒業
　1988 年　名古屋大学大学院工学研究科博士課程前期課程原子核工学専攻修了
　1991 年　名古屋大学大学院工学研究科博士課程後期課程原子核工学専攻単位修得退学（1994 年　博士(工学)を取得）
　1991 年　核融合科学研究所助手（安全管理センター）
　2006 年　核融合科学研究所助教授（安全管理センター）
　2007 年　核融合科学研究所准教授（装置工学・応用物理研究系）
　2011 年　近畿大学准教授（原子力研究所）
　2013 年　近畿大学教授（原子力研究所）

放 射 線 生 物 学 　（六訂版）

昭和 50 年 9 月 1 日	第 1 版発行
平成 13 年 7 月 25 日	改訂版第 1 刷発行
平成 18 年 3 月 10 日	三訂版第 1 刷発行
平成 25 年 6 月 10 日	四訂版第 1 刷発行
平成 29 年 3 月 10 日	五訂版第 1 刷発行
令和 3 年 9 月 10 日	六訂版第 1 刷発行　　©2021

定価　3,080 円(本体 2,800 円＋税)

　　　　　　　　　杉 浦 紳 之
　　　　　著者　鈴 木 崇 彦
　　　　　　　　　山 西 弘 城

発行所　株式会社　通 商 産 業 研 究 社
　　　東京都港区北青山 2 丁目 12 番 4 号(坂本ビル)
　　　〒107-0061 TEL03(3401)6370　FAX03(3401)6320
　　　　　　　　URL　http://www.tsken.com

(落丁・乱丁等はおとりかえいたします)

ISBN978-4-86045-141-7　C3040　¥2800E